Fabio Tafani e Lucia Migliaccio

MA CHE CAVOLO STIAMO MANGIANDO?

Saperlo è meglio...

Fabio Tafani e Lucia Migliaccio
MA CHE CAVOLO STIAMO MANGIANDO?
Copyright © 2018 Fabio Tafani
Prima edizione italiana pubblicata nel dicembre 2018
Email di contatto: machecavolostiamomangiando@gmail.com

ISBN 978-0-244-74542-4

INDICE

COLLEGAMENTI ESTERNI

Per informazioni e per rimanere sempre aggiornato

Segui la nostra pagina **Facebook**
machecavolostiamomangiando

https://www.facebook.com/machecavolostiamomangiando

Segui la nostra pagina **Instagram**
Machecavolostiamomangiando

https://www.instagram.com/machecavolostiamomangiando

Inviaci una mail a:

pubblicheremo le immagini dei tuoi **piatti equilibrati** realizzati secondo le istruzioni del libro che apprenderai pagina dopo pagina...

machecavolostiamomangiando@gmail.com

ISTRUZIONI PER LA LETTURA

Ciao, mi chiamo Fabio.

Ho pensato di rendere questo libro un po' interattivo, cercando soprattutto di valorizzare uno degli aspetti più sottovalutati di un testo informativo: la bibliografia. Il presente testo è, infatti, al 99% una raccolta ordinata e ragionata di materiale e studi realizzati da specialisti competenti nel loro settore, di cui spesso si perde traccia e valore in un piccolo apice che rimanda alle note, o il richiamo in fondo al libro nel capitolo dedicato "bibliografia".

Magari esco un po' dagli schemi, ma ritengo opportuno ringraziarli del loro impegno omaggiandoli con maggiore visibilità, integrando materiale video al testo. Molti infatti hanno scelto di produrre il loro lavori su supporti differenti dal cartaceo, allineandosi alla moderna cultura di informazione. Così ho deciso di rendere questi video (o loro porzioni) parte integrante della raccolta, utilizzando il metodo del QR CODE. Durante la lettura sarete infatti invitati a scannerizzare il codice con uno smartphone (o cliccare sul link nel caso di lettura dell'ebook) e guardare il video appropriato.

ATTENZIONE: una volta inquadrato il codice, lo smartphone vi chiederà con quale applicazione aprire il link: per un'esperienza OTTIMALE scegliete il vostro browser con cui navigate in internet, evitando l'uso di altre APP (tipo quella di Youtube) che potrebbero aggiornare le loro impostazioni nel tempo e variare la modalità con cui vi aprono il video, perdendo ad esempio dei riferimenti precisi ai minuti interessanti di un video molto lungo.

STEP 1

La prima cosa da fare è ottenere un lettore di codici QR sul vostro smartphone: ne potete trovare uno cercando

"QR CODE"

sullo store appropriato (Appstore, Play Store ecc). Io per esempio uso quello di "Green Apple Studio" ma funzionano tutti senza problemi. Scegliete quello gratuito che vi ispira maggiormente. Passate allo step 2 solo a installazione avvenuta.

STEP 2

Una volta installata l'app per leggere i codici QR proviamo ad aprirla e inquadrare il seguente:

L'app converte l'immagine in un link web. A seconda dell'app usata potete cliccare il link, o seguire i tasti "apri in web" o cose simili. Tutte le opzioni di questo tipo sono valide.

A questo punto lo smartphone dovrebbe chiedervi di scegliere tra alcune app da utilizzare e associare a quel tipo di link web.

QUESTO PASSAGGIO È MOLTO IMPORTANTE

Scegliete l'app che usate per navigare (chrome, safari, firefox ecc), ed evitate assolutamente l'app di youtube.

STEP 3

Il risultato di questa operazione vi mostrerà un VIDEO.

Se il video è su sfondo verde, la configurazione è completata!

Ma se il video è su sfondo nero... sarà necessario modificare un'impostazione sullo smartphone... mette in **pausa** il video e procedete oltre...

AHIA! QUALCOSA E' ANDATO STORTO: IL LETTORE DI CODICI: FUNZIONA MA FORSE IL VIDEO SI E' APERTO IN UN' APP? SEGUI LE ISTRUZIONI NELLE DESCRIZIONI PER RISOLVERE IL PROBLEMA

Se avete Android andate nel menù delle impostazioni sul vostro telefono (in genere è un'icona a forma di ingranaggio) e scegliete la voce "APP" (o applicazioni, dipende dai modelli).

Scorrete fino in fondo per trovare l'app di YOUTUBE. Selezionatela e individuate la voce che indica l'apertura di "default" o "predefinita" (anche in questo caso la dicitura esatta varia in base ai modelli).

Selezionando quella voce di menu avrete una serie di opzioni:

cliccate "CANCELLA IMPOSTAZIONI PREFEFINITE" oppure cliccate sulla lista "apri link supportati" e scegliete "CHIEDI OGNI VOLTA".

Bene... ora è il momento di chiudere tutto e scannerizzare nuovamente il codice in alto. Se questa volta appare la richiesta di aprire il link con un'app, <u>MI RACCOMANDO SCEGLIETE</u> l'icona di quella che usate per navigare in internet.

Nel caso in cui si ripresenti ancora il video a sfondo nero... occorre ripetere le operazioni dello STEP 3 finché non esce il video verde!

SE NON CI RIUSCITE? NESSUN PROBLEMA:

In **ALTERNATIVA** al cambio dell' impostazione precedente, aprendo i video con l'app di Youtube, muovete manualmente il cursore del tempo per spostarvi sulla parte dei video più utile ai fini della comprensione del testo. Le indicazioni si trovano sempre sotto al link del video, in questo modo:

(TIME: da 02:06 a 04:50)

*Quando trovate indicato **"tutto il video"** ignorate questo punto*

E se per caso non avete uno smartphone? Potete recuperare i video su Youtube digitando l'indirizzo che troviate in calce ad ogni codice manualmente nella barra del vostro browser.

E qualora non aveste neppure la connessione a internet… non preoccupatevi. Potete vedere i video in seguito e continuare subito la lettura con i riassunti che trovate dopo ogni codice (se sono necessari alla comprensione del testo, altrimenti non ci saranno).

perfetto, è tutto pronto. Buona lettura!

Ma che cavolo stiamo mangiando?

a Leonardo

dai tuoi genitori

SE INSEGNI, INSEGNA ANCHE A DUBITARE DI CIÒ CHE INSEGNI

José Ortega y Gasset

CAPITOLO 1.   INTRODUZIONE

Lessi questa splendida frase di Gasset su un foglio appeso al muro nella sala insegnanti della scuola per l'infanzia "Il Cavalluccio Marino" di Quercianella a Livorno, quando vi accompagnai per la prima volta mio figlio, e subito fu chiaro che quello sarebbe stato l'asilo giusto. Mi colpì talmente forte che d'un tratto mi tornarono alla mente, uno dopo l'altro, tutti i miei insegnanti, professori, coach ed istruttori. Mi resi conto in un lampo che nessuno mi aveva mai sollecitato a dubitare di ciò che mi avevano insegnato. Nessuno aveva mai osato mettersi indubbio, limitandosi a pontificare informazioni come avrebbe fatto un profeta di fronte al suo popolo. Così riflettei a lungo su quel termine… "dubitare"… e poco per volta si formò un concetto assai intrigante, sotto forma di domanda:

"potevo io, da semplice uomo comune, verificare tutte le informazioni che di volta in volta mi venivano presentate come un dogma di fede? Avrei avuto i mezzi sufficienti per poter distinguere da quel momento in poi i concetti reali dalle semplici supposizioni?"

La risposta a quella domanda sull'argomento "cibo" si è concretizzata dopo alcuni mesi sotto forma di libro.

Questo libro.

CAPITOLO 2. IL CONCETTO DI BASE

Il nostro sarà un viaggio guidato attraverso un'intricata giungla di informazioni che oggi ci circonda e ci disorienta, ma che pian piano sfoltiremo, insieme, fino a trasformarla in un "prato all'inglese" soffice e confortevole.

Ma se è vero che: "non importa quanto è lungo il viaggio, se non muovi il primo passo sarà infinito" mettiamo subito in moto il cervello e incominciamo partendo dall'elemento più piccolo di nostro interesse: LE CELLULE! Lasciamo dapprima che esse ci stupiscano con il loro incessante e continuo lavoro, e poi valutiamo insieme le possibili implicazioni di tali scoperte...

Iniziamo allora leggendo il primo codice e godendoci il video.
ATTENZIONE: Il filmato presenta didascalie in inglese. Di seguito riporto la traduzione:

LINK AL VIDEO:
https://youtu.be/gFuEo2ccTPA
(TIME: tutto il video)

Ma che cavolo stiamo mangiando?

Sottotitoli in italiano:

Vi siete mai chiesti, di cosa siamo fatti?
Tutta la vita è fatta di cellule. Sono in migliaia di forme e dimensioni.
Il corpo umano ne ha oltre 100 trilioni, e tutte insieme realizzano la danza della vita.
Sono così piccole che possono stare in 10.000 sulla testa di uno spillo.
Le cellule del nostro corpo subiscono oltre 500 quadrilioni di reazioni chimiche al secondo.
La loro incredibile biochimica alimenta la vita sulla terra da miliardi di anni, e ci proteggono dalle aggressioni.
Ci chiedono solo di prenderci cura di noi stessi.
La nostra scienza a malapena ha iniziato a capirle.

COMMENTO AL VIDEO:
L'informazione che maggiormente mi sconvolge ogni volta che vedo quel video è il numero di reazioni chimiche che avvengono a nostra totale insaputa nel corpo umano. È la conferma che non ho mai la reale percezione di che cosa accada costantemente dentro di me... Anzi: mi dimostra che non mi ci avvicino nemmeno lontanamente!

Per esempio: nel tempo trascorso a leggere le tre righe appena passate si sono svolte, in ciascun corpo umano, qualcosa come:
3.500.000.000.000.000

reazioni chimiche (ovvero 3500 quadrilioni). Ma ciò che più mi sconvolse fu quando realizzai per la prima volta che per svolgere ogni reazione chimica sono necessari degli appropriati reagenti, che nel nostro caso spaziano dalle vitamine ai minerali, dall'acqua ai carboidrati e così via. E se quei componenti sono assenti? come posso essere "sicuro" di avere a disposizione tutti gli elementi di base per una tale quantità di reazioni chimiche? (lo ricordo, sono 500 quadrilioni ogni singolo secondo...). Quante di queste si inceppano per mancanza di uno o più elementi? Chissà poi quante volte il mio organismo tenta di eseguire queste reazioni senza successo e chissà con quali tremendi risultati...

D'altronde non è poi così assurdo ritenere che se ho sottovalutato di qualche migliaio di miliardi il numero di processi chimici che mi tengono in vita... potrei anche aver trascurato un numero simile di situazioni di carenze nutrizionali, e quindi "mancate esecuzioni" di quelle reazioni chimiche!

Perché basta fare un semplice calcolo su un'ipotesi piuttosto riduttiva: ogni 500.000.000.000 reazioni chimiche... può darsi che 1 non riesca ad avvenire per carenza di reagenti, ovvero di nutrienti? (a mio avviso anche qualcuna di più... ma diciamo una sola). E se ad ogni secondo fallissimo una sola reazione chimica... in un anno ne avremmo totalizzate ben 31.536.000!!! eh si... più di trentun milioni di reazioni chimiche che non sono riuscite ad avere luogo... per colpa di carenze di nutrienti...

Senza spaventarci troppo, però, procediamo oltre e riassumiamo in un unico concetto il significato di questo video:

nella nostra società non basta limitarci a saziare la fame, ma occorre essere certi di fornire <u>nutrimento costante</u> a tutte le nostre cellule, in <u>ogni momento</u> del giorno e della notte...

Detta così potrebbe sembrare un lavoro faticoso, arduo e soprattutto di dubbia fattibilità... eppure a breve scopriremo quanto sia semplice, gratificante ed economico prenderci cura di noi!

Ma allora, che cosa ha reso consueto un comportamento così inconsapevole e di norma scellerato a discapito della nostra salute? che cosa è successo?

Qualche spunto di riflessione ce lo offre Marco Montemagno che ci illustra i meccanismi in corso attuati su larga scala per modificare la nostra definizione di "quotidiano", per cambiare la nostra percezione delle scelte che facciamo... insomma, verrebbe da chiamarla: "riprogrammazione neuro-celebrale"...

Perché non è più così semplice... o meglio: probabilmente un tempo lo era. Ma nel nostro tempo, nel nostro periodo storico non funziona più come una volta.

Ma che cavolo stiamo mangiando?

Lasciamo ora la parola a Marco Montemagno per dare l'allarme e riassumere la situazione attuale, con questa sua pillola di saggezza su Youtube …

LINK AL VIDEO:
https://youtu.be/j2hasrT7Adk
(TIME: tutto il video)

COMMENTO AL VIDEO DI MONTEMAGNO

Aggiungo al conto sommario dei due miliardi e mezzo di persone che saranno a breve obese o in soprappeso che il conteggio peggiora tantissimo se vi aggiungiamo tutti coloro che pur non ingrassando sviluppano patologie gravi legate alla malnutrizione. Forse "ingrassare" è quasi un vantaggio perché ci mostra senza ombra di dubbio che stiamo sbagliando qualcosa. Più difficile invece è sviluppare la sensibilità alla buona nutrizione senza l'aumento di peso visibile…

Ma torniamo alla questione principale del video: quella che Montemagno chiama "Big Food". A prescindere dai casi più eclatanti, oggi non sono solo i fast food a proporre cibo spazzatura a noi poveri utenti. Esso ormai ha raggiunto una diffusione talmente capillare che fatichiamo a distinguerlo dal cibo reale. Il "junk food" infatti è talmente presente nel quotidiano che ciascuno di noi lo identifica inconsciamente come "normale"… qualche esempio? Andiamo dal panettiere e ci sentiamo chiedere: "pane integrale o pane normale?" al ristorante la pasta è "integrale, oppure normale".

Insomma sembra che il vero problema non sia tanto scegliere tra cibo sano o non sano, quanto riuscire a distinguerli! In qualche modo abbiamo ricevuto una riprogrammazione dei nostri valori "normali" ed ovviamente tendiamo a difenderli da ciò che li sconvolge.

D'accordo, bella premessa. Ma in concreto? Cosa possiamo fare? Perché potremmo aver chiaro il fatto che le nostre cellule necessitino di nutrienti, e che tali composti scarseggiano nel cibo quotidiano generando più o meno patologie (pensiamo a cosa potrebbe accadere con più di trenta milioni di reazioni chimiche fallite ogni anno che abbiamo visto nel video precedente...)ma cosa possiamo davvero fare?

Innanzi tutto mantenere la calma, rilassarsi e iniziare a pensare che l'approccio al cibo sano è quanto di più naturale esista. Immettere nel nostro corpo cibo nutriente è parte integrante del nostro spirito di sopravvivenza (se non abbiamo mai sentito la voglia di segatura e limatura di ferro... ecco è grazie a questa programmazione genetica) e come parte di noi può essere riscoperto senza fatica.

La cosa più importante però è saper

DISTINGUERE

le varie FORME che il cibo assume OGGI... e poter quindi, come spiega bene il dott. Umberto Veronesi, separare il concetto di alimentazione da quello di nutrizione:

l'**alimentazione** è un atto COSCIENTE, ovvero la scelta del cibo che introduco per dare energia al mio corpo;

la nutrizione è un atto NON COSCIENTE, poiché consiste nella presenza all'interno del cibo di princìpi attivi utili alle nostre cellule per il loro funzionamento (minerali, vitamine, antiossidanti, enzimi ecc).

Ecco che se non ci facciamo carico di imparare a riconoscere i due concetti, è facile passare le giornate ad alimentarsi senza nutrirsi... nascondendo il sintomo della fame e contestualmente affamando le nostre cellule (oppure impedendo loro di svolgere le reazioni chimiche! Ricordate quante ne fanno ogni secondo?)

A breve quindi saremo in grado di compiere scelte consapevoli tramite un riscoperto approccio al cibo, e ridurre senza sforzo gli eccessi di ciò che ci danneggia, colmando le carenze nutritive che mettono a dura prova le nostre cellule.

Partiamo subito dall'argomento più scottante: gli zuccheri, per poi passare all'acqua, le fibre, le proteine, il metabolismo, i grassi e il sale, per poter poi avere gli strumenti ed entrare in un supermercato con rinnovata fiducia e serenità!

CAPITOLO 3.   ZUCCHERI

GLI ARGOMENTI PRINCIPALI DI QUESTO CAPITOLO:

- Quali tipologie di carboidrati esistono
- Le calorie degli alimenti
- Perché scegliere l'integrale
- Cos'è la glicemia
- Quali nomi assumono gli zuccheri
- Il circolo vizioso dello zucchero
- Cosa sono le calorie vuote
- Come si riducono gli zuccheri

Chiariamo subito, prima di iniziare, un concetto fondamentale: il termine "zucchero" indica al contempo un sinonimo del termine "carboidrato" ma anche quella sostanza granulare o in polvere che aggiungiamo a dolci, caffè ecc ecc...

Da ora in poi però useremo la terminologia comune, quella che assegna alla parola "zucchero" il concetto di dolcificante, e a "carboidrato" il concetto generico di macronutriente. A breve sarà sempre più chiaro, non preoccupiamoci.

Sentiamo cosa Marco Montemagno ha da dire su un argomento così delicato come lo "zucchero":

LINK AL VIDEO:
https://youtu.be/w4zKjR9V-Og
(TIME: tutto il video)

COMMENTO AL VIDEO DI MONTEMAGNO
Non c'è alcun dubbio, lo zucchero crea dipendenza, e come se non bastasse altera gravemente i delicati equilibri del nostro metabolismo, fino alla comparsa delle citate malattie ormai così diffuse.

È di vitale importanza quindi riconoscere gli zuccheri nella vita quotidiana, poiché aggiungere zuccheri al cibo ormai è diventato il modo migliore di creare qualcosa di appetitoso partendo da materie prime di scarsissima qualità, aumentando il valore percepito di alimenti in genere dannosi e privi di nutrienti, sebbene incredibilmente energetici...

Ma che cavolo stiamo mangiando?

Allora spendiamo qualche riga sull'energia del cibo:

approssimativamente un grammo di carboidrati o un grammo di proteine forniscono 4 kCal di energia, mentre lo stesso grammo ma di grassi fornisce ben 9 kCal. L'alcool si inserisce nel mezzo con circa 7 kCal per grammo.

Il conteggio delle calorie non è uno strumento sufficiente per assicurare la salute dell'uomo (anche se nel decennio passato è stato di gran lunga abusato, e ancora resta nel nostro immaginario collettivo... "la famosa dieta ipocalorica" che sarebbe dovuta servire per dimagrire...)

Però, sebbene non siano informazioni sufficienti, fanno parte del quadro generale ed è utile conoscerle:

MACRONUTRIENTE	ENERGIA PER GRAMMO
CARBOIDRATI	4 kCal
PROTEINE	4 kCal
ALCOOL	7 kCal
GRASSI	9 kCal

Come possiamo usare queste informazioni a nostro vantaggio? Intanto vediamole nel concreto: ecco alcune immagini che rappresentano piatti da 200 kCal ciascuno:

riflettiamoci su per qualche minuto...

Ma che cavolo stiamo mangiando?

SEDANO 1425g   BROCCOLI 588g   CAROTE 570g

PASTA 145g   MELE 385g   KIWI 328g

HAMBURGER 75g   PATATINE 73g   WURSTEL 66g

BAILEYS 60ml   GOMMINE 51g   MARS 41g

PATATINE 37g   BACON 34g   BURRO 28g

figura 1 - fonte https://mindbodyevolved.wordpress.com

Ma che cavolo stiamo mangiando?

Teniamo a mente che il nostro organismo richiede energia, e sebbene, come abbiamo detto, tarare l'apporto calorico non sia sufficiente, occorre ovviamente evitare di sovraccaricarci di calorie inutili. Facciamo un esempio: pranzare con un piatto di pasta e del tacchino cotto in padella senza olio avrà un certo apporto calorico; ma che succede se il tacchino lo cucino con un po' di burro (una ventina di grammi)? In un semplice gesto, a livello calorico, ho trasformato il mio pranzo da "piatto di pasta + tacchino" in "doppio piatto di pasta + tacchino" (un piatto di pasta ha lo stesso apporto calorico del burro che abbiamo aggiunto al taccino)

Ora non dico che sia necessariamente scorretto. La domanda però è: compiamo con consapevolezza questi gesti? Oppure pensiamo di aver mangiato "leggero" quando ci siamo appena mangiati "un piatto intero di pasta in più" nascosto nel tacchino sotto forma di burro?

Per il momento è sufficiente rifletterci qualche istante, e nel frattempo andiamo a scoprire un poco per volta a quanti di questi rischi ci esponiamo inconsapevolmente ogni giorno.

TUTTI I CARBOIDRATI SONO UGUALI?

Entriamo nel vivo dell'argomento ed affrontiamo i carboidrati. Essi sono un macronutriente fondamentale, senza il quale il nostro organismo fatica a vivere. Certo è che vanno saputi distinguere.

Ne esistono due tipi: SEMPLICI e COMPLESSI.

I carboidrati semplici, comunemente conosciuti come ZUCCHERI, si dividono a loro volta in "monosaccaridi" e "oligosaccaridi" ovvero, per noi che non siamo scienziati in "formati da una sola pallina" e "formati da poche palline"

Ma che cavolo stiamo mangiando?

CARBOIDRATI SEMPLICI

SUDDIVISIONE	monosaccaridi	oligosaccaridi
NOMI CONOSCIUTI	Glucosio Fruttosio	Saccarosio Lattosio
FORMA	(mono palline)	(poche palline)
ALIMENTI IN CUI SONO PRESENTI	Miele Frutta	Zucchero da cucina Prodotti caseari Cereali raffinati
VANTAGGI	ENERGIA SUBITO DISPONIBILE	
SVANTAGGI	RIALZO GLICEMICO REPENTINO	

Questo tipo di zuccheri rappresenta la più rapida forma di energia che il nostro organismo sia in grado di assimilare. Sfortunatamente la loro assunzione è in genere eccessiva e questo porta ad alzare troppo velocemente il tasso di glucosio nel sangue, con gli effetti che tra poco vedremo. Semplifichiamo molto questo concetto con l'utilizzo di un grafico (nel quale la fascia centrale è la zona di valore ottimale di zucchero nel sangue) che rappresenta il tasso di glucosio nel sangue e il tempo: la prima e la seconda curva rappresentano la risposta all'assunzione di zuccheri semplici e raffinati, la terza legumi e cereali integrali.

Ma che cavolo stiamo mangiando?

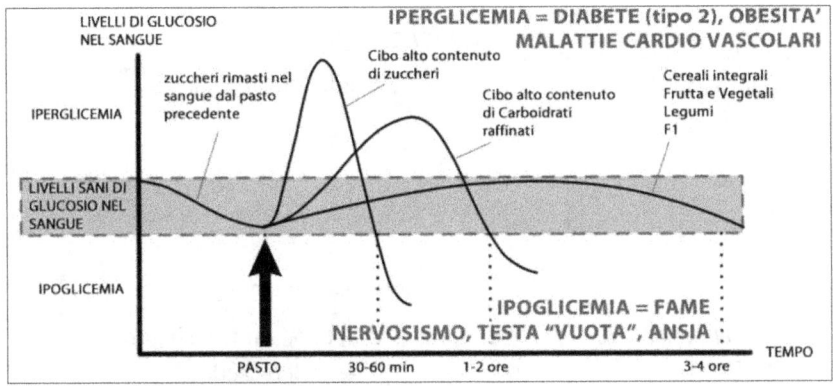

figura 2 - livelli del glucosio nel sangue

Vediamo facilmente che le prime due curve superano il livello di zuccheri ottimale e creano un "picco glicemico" alzandosi di molto nella zona di IPERGLICEMIA del grafico. In quel momento ci sentiamo incredibilmente bene, sazi, energetici ed appagati (peccato che la permanenza in questa zona rischia di creare danni al metabolismo, diabete, danni al cuore ecc). Accade quindi "qualcosa" a seguito di tale rialzo a cui segue SEMPRE un calo del grafico al di sotto dell'ottimale, ovvero nella zona di IPOGLICEMIA. Faccio presente che in caso in cui la curva si avvicini troppo alla linea nera di base il corpo entra in modalità di risparmio energetico (sviene) per provare a preservare le funzioni vitali poiché non ha più zucchero a disposizione. Le nostre sensazioni in IPOGLICEMIA sono quindi di fame, stanchezza, nervosismo, ansia... tutte reazioni soggettive collegate istintivamente alla paura di rimanere "senza benzina".

Differente questione invece per i carboidrati complessi:

CARBOIDRATI COMPLESSI

NOMI CONOSCIUTI	Amido e cellulosa
FORMA	(Ramificazione di palline)
ALIMENTI IN CUI SONO PRESENTI	Pane, pasta, riso, patate e legumi (integrali o crudi)
VANTAGGIO 1	ENERGIA DILUITA NEL TEMPO
VANTAGGIO 2	RIALZO GLICEMICO GRADUALE

Questo tipo di carboidrato danneggia meno il nostro metabolismo ed anzi ne è consigliato l'uso (magari non proprio a cena...)

Ma sarà così dannoso eccedere oltre il valore ottimale con lo zucchero nel sangue? È opportuno sapere, per esempio, che:

IL PICCO GLICEMICO IN NATURA NON ESISTE

Infatti se osserviamo la lista degli alimenti che lo possono generare troviamo: cibi inventati dall'uomo, frutta (non fatevi trarre in inganno, la frutta è cibo abbastanza raro: i "frutteti" sono invenzione umana), il lattosio (alimento che sappiamo non essere pensato per il post svezzamento) o il miele (che è generalmente ben protetto da decine di migliaia di api)

È facile intuire quindi che la natura ci tenga saggiamente lontani da quei cibi che rialzano la glicemia. Eppure continuiamo a circondarci di queste sostanze senza rendercene conto (basta entrare in un panificio qualsiasi, o in una pasticceria, bar, supermercato, ristorante, negozio di prodotti bio, e perfino nelle fiere). Particolare attenzione dovrebbero farla coloro che per svariati motivi evitano il glutine: per quel che abbiamo potuto riscontrare in diversi anni di osservazioni, le versioni "per celiaci" presentano quantità di zuccheri semplici ben più alte delle versioni comuni.

D'accordo, abbiamo chiarito che l'aumento della glicemia nel sangue è innaturale e poco sano... ma come posso capire precisamente il funzionamento, e gestirlo nel quotidiano? Aiutiamoci con un modello semplice in cui abbiamo rappresentato il metabolismo con un MULINO alimentato da un corso d'acqua (energia, ovvero zucchero) gestito dal guardiano della riserva (che rappresenta il fegato), il quale ha le chiavi per alzare o abbassare la diga e decidere quanta acqua mandare giù al mulino. La quantità di acqua che giunge al mulino è "la glicemia" del grafico precedente.

Ma che cavolo stiamo mangiando?

Quindi ricapitoliamo gli attori:

MULINO = METABOLISMO

ACQUA = ZUCCHERO

GUARDIANO DELLA DIGA = FEGATO

FLUSSO D'ACQUA = GLUCOSIO NEL SANGUE

Guardiamo cosa succede nei vari casi:

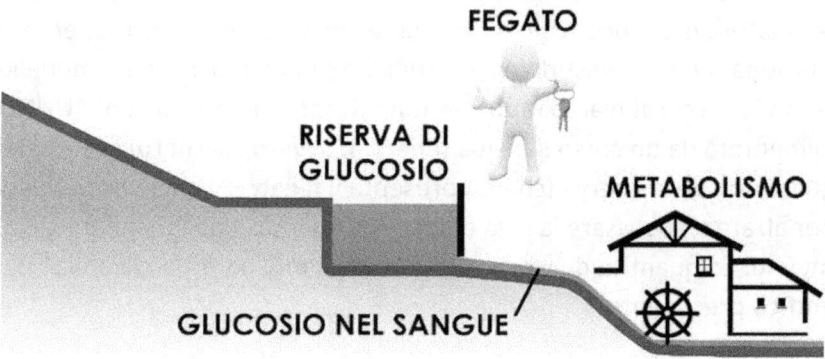

figura 3 - stato ottimale

Questo è lo stato ottimale (es. situazione di riposo o poco sollecitato): il guardiano del fegato guarda il mulino, vede che c'è una attività normale e tiene la diga alzata all'altezza necessaria. Tutto funziona in modo regolare.

Ma che cavolo stiamo mangiando?

figura 4 - richiesta di maggiore energia. Es. attività fisica

Nel caso, per esempio, di attività fisica, il mulino avrà bisogno di più "potenza" e il guardiano della diga alzerà la barriera per far affluire più acqua...

Cosa potrà succedere dopo un po' di tempo che non riforniamo di acqua la diga? (molto meno tempo in caso di sport...)

Ma che cavolo stiamo mangiando?

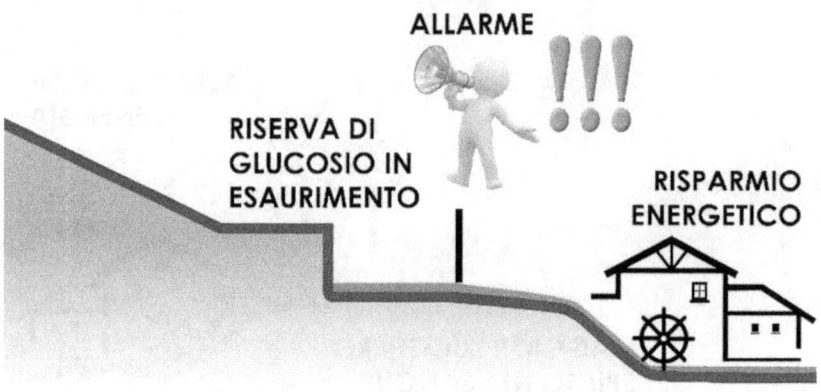

figura 5 - l'acqua nella riserva scarseggia - FASE DI IPOGLICEMIA

Succede che se la riserva si svuota, il mulino si ferma! Il nostro corpo sviene per il noto "calo di zuccheri".

Di conseguenza quando la diga è quasi vuota il guardiano è allarmatissimo, e manda segnali molto forti a chi si deve occupare di trovare altro zucchero, ovvero il cervello (segnali di fame, nervosismo ecc)

Riconoscendo lo stimolo, ci muoviamo per trovare cibo o bevande (dipende molto da come ci siamo abituati: qualcuno va in cerca di caffè zuccherato, qualcuno in cerca di snack dolci, altri salati ecc). Qui si aprono due scenari diversi: possiamo ingerire cibo ad alto indice glicemico (I.G.), oppure a basso indice glicemico. Ovvero cibo che al suo interno presenta tanti zuccheri in forma semplice (ALTO I.G.), oppure in forma complessa (BASSO I.G.). Ovvero, ancora, che alza rapidamente la glicemia, o che immette piano piano zuccheri nel sangue dandoci tempo di utilizzarli.

Ma che cavolo stiamo mangiando?

Nello schema della diga come si possono spiegare?

figura 6 - introduco carboidrati complessi (BASSO I.G.)

I carboidrati complessi, nel nostro schema, li rappresentiamo come "ghiaccio", ovvero dell'acqua in una forma solida, che si deposita con calma prima della diga e lentamente immette acqua nel sistema (li definiamo a BASSO I.G. perché lentamente immettono glucosio nel circuito)

figura 7 - equilibrio tra entrata di acqua e uscita

Il guardiano è contento perché si forma una sorta di equilibrio tra l'immissione di acqua nella sua riserva e l'uscita che lui gestisce. Tutto è nel suo pieno controllo.

Ma se, anziché introdurre cibo a basso indice glicemico (ovvero rappresentato come ghiaccio) introducessi cibo ad alto indice glicemico?

Abbiamo detto che nel nostro schema l'acqua rappresenta lo zucchero, e che il cibo a basso indice glicemico è essenzialmente formato da carboidrati complessi che occorre smontare "in palline semplici", e quindi richiede del tempo per la sua assimilazione.

Con queste premesse, come possiamo rappresentare il cibo ad alto indice glicemico? Senza dubbio come acqua, già disponibile, che arriva tutta insieme senza fermarsi prima da nessuna parte...

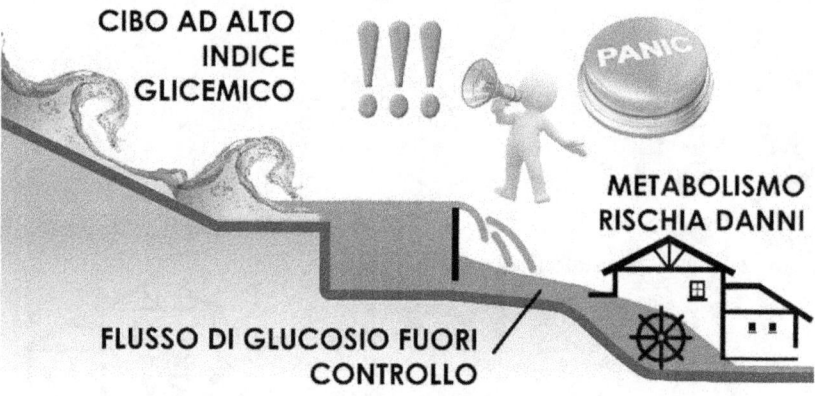

figura 8 - cibo ad alto indice glicemico - IPERGLICEMIA

Se la riserva viene inondata, il mulino viene investito da un flusso d'acqua fuori controllo, certamente sovradimensionato rispetto al tipo di lavoro che deve svolgere. Infatti l'acqua è in grado di "passare sia da sotto che sopra la diga", sfuggendo di fatto alla regolazione del nostro guardiano. L'effetto che noi proviamo in quei momenti è di sovra eccitazione ma gli ingranaggi del mulino si consumano più velocemente e possono rompersi in qualunque momento (ricordiamoci che la permanenza in iperglicemia porta a diabete, malattie cardiovascolari, sindrome metabolica, insulino-resistenza ecc...) così interviene il guardiano attivando una procedura di emergenza:

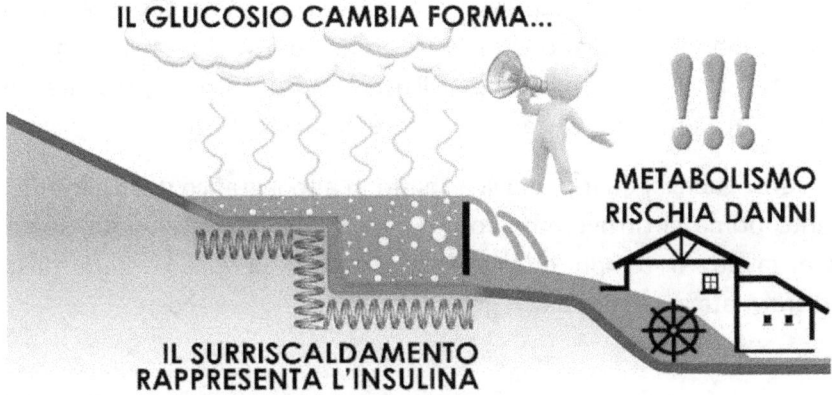

figura 9 - il ruolo dell'insulina

Attraverso particolari segnali biochimici il nostro pancreas inizia a produrre insulina. Nello schema è equiparabile ad una serpentina molto calda che porta l'acqua in ebollizione e la fa rapidamente andar via dalla riserva. In questo modo il guardiano ha "tolto" l'acqua in eccesso dalla riserva trasformandola in qualcos'altro che non compromette più il mulino e quindi il suo lavoro. Ma cosa potrebbe mai essere, nella nostra schematizzazione, il vapore che viene generato? Purtroppo il vapore è GRASSO: una sostanza non più solubile in acqua che in questo modo si separa nettamente. L'aspetto più importante da capire è che tanto più si spaventa il guardiano con alti livelli di "acqua" nella diga, tanto più alta sarà la temperatura della serpentina per impiegare il minor tempo possibile a trasformarla. Accade però che quando il guardiano "spenge" la serpentina (un po' come uno forno che una volta a temperatura resta caldo a lungo), la trasformazione di acqua in vapore continua per effetto del "calore" residuo nella serpentina (anche se la riserva non sta più tracimando).

Significa che tanto più era calda la serpentina, tanto più tempo impiegherà a raffreddarsi. Ovvero: tanto più era alta la glicemia, tanta più insulina il guardiano avrà fatto produrre, e nel momento in cui smette di inviare segnali di allarme l'insulina già presente in abbondanza nel sangue continua a fare il suo lavoro...

Di conseguenza, quanto più si è spinto in alto il grafico della glicemia, tanto prima ci ritroveremo con la riserva nuovamente vuota, senza aver avuto il tempo di usare quell'acqua, perché è stata tutta trasformata in vapore da un guardiano spaventato a morte!

Ma che cavolo stiamo mangiando?

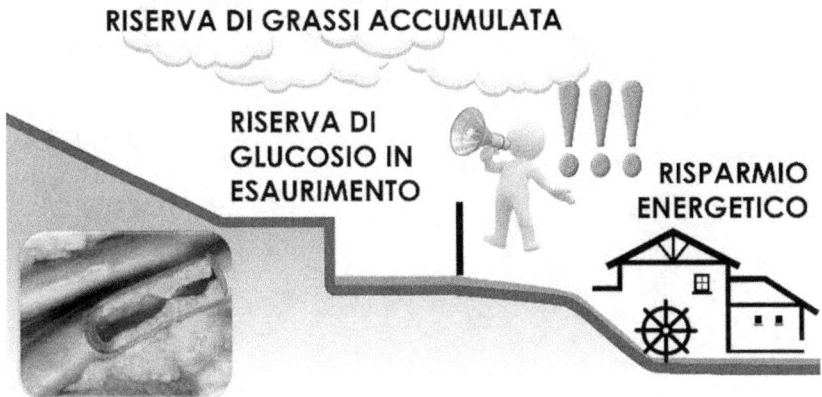

Figura 1 - accumulo di grasso

Tutto ciò comporta ad avere nuovamente in breve tempo la riserva svuotata, con le conseguenze di nuova stanchezza, fame, nervosismo ecc; in più abbiamo l'aggravante di aver aggiunto del grasso alle nostre riserve, che potrebbe rimanere intrappolato all'interno dei vasi sanguigni, oppure trasformarsi in grasso viscerale o grasso di deposito.

Dunque ora dovremmo aver chiaro che mettere in allarme il guardiano della diga crea enormi disastri. Certamente è cosa buona sapere che il guardiano esiste e che sa compiere il suo dovere di fronte alle emergenze, ma senza dubbio è controproducente metterlo alla prova tre, quattro volte al giorno...

Però sarà sufficiente mangiare solo cibo a basso indice glicemico per non terrorizzare il nostro guardiano? Ovvero: posso immettere tutto il ghiaccio che voglio nel mio schema senza limitazioni?

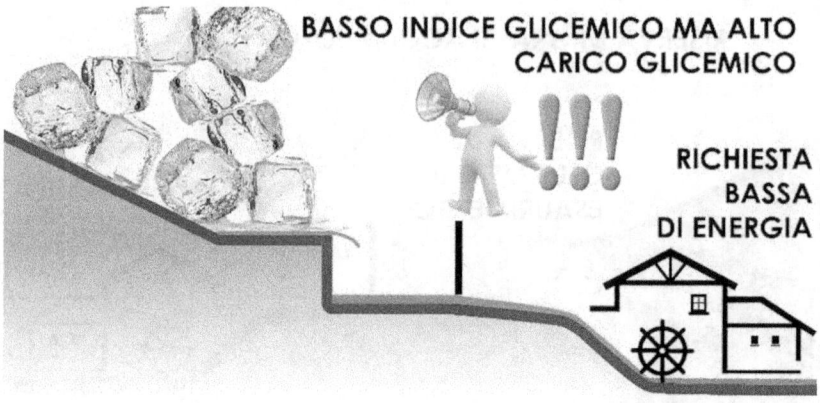

Figura 2 - il carico glicemico richiede di essere smaltito

Introduciamo prima il concetto di "carico glicemico":

abbiamo detto che l'indice glicemico indica se il cibo è di tipo "acqua" oppure "ghiaccio" ma non abbiamo indicazioni circa la quantità.

Il concetto di "carico glicemico" quindi ci aiuta a capire QUANTO zucchero (indipendentemente dalla forma "ghiaccio" o "acqua") stiamo assumendo.

In conclusione assumere ingenti quantità di cibo di tipo "ghiaccio" porta ahimè a situazioni di emergenza poiché a fronte di un enorme carico glicemico (non "indice", ma "carico", ovvero quantità) senza un adeguato consumo, più lentamente e più lontano nel tempo, accadrà comunque qualcosa del genere:

Ma che cavolo stiamo mangiando?

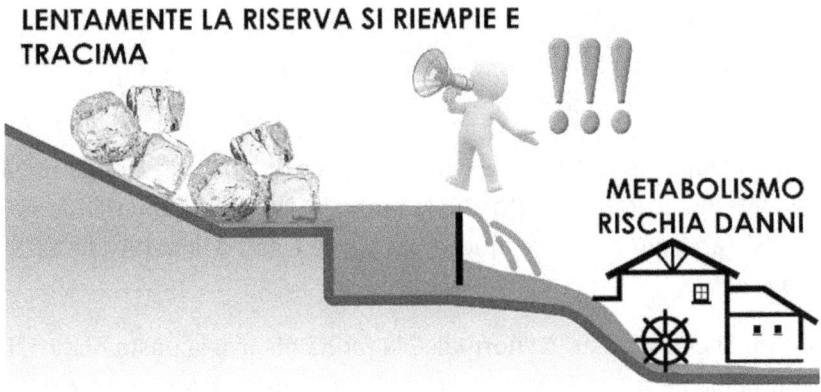

LENTAMENTE LA RISERVA SI RIEMPIE E TRACIMA

METABOLISMO RISCHIA DANNI

Figura 3 - riserva saturata dai troppi carboidrati anche se complessi

Questo è l'esempio classico di una bella pizza integrale con bresaola mangiata a cena (basso indice glicemico, ovvero carboidrati complessi ma alto carico glicemico) seguita dall'attività di visione di TV sul divano e successivo riposo notturno. O se preferite di un bel piatto di pasta integrale al pomodoro per poi tornare altre 4 ore alla scrivania in ufficio sempre seduti... è la stessa cosa!

RIASSUMENDO:

il cibo cede zuccheri al corpo con diverse velocità (indicate dall' I.G.) e se le nostre riserve si saturano troppo rapidamente si attivano sistemi di emergenza per ristabilire l'ordine (produzione di insulina in stato di iperglicemia) che vorremmo attivare solo di rado.

Purtroppo il cibo oggi è quasi sempre ad alto I.G. e le quantità che assumiamo sono elevate (alto carico glicemico)

PERCHÉ INTEGRALE?

Già... perché integrale? Perché non "normale"? e se integrale fosse "normale" cosa cambierebbe?

Senza troppo complicarsi la vita coi giochi di parole, proviamo a riflettere un attimo sul fatto che la farina integrale è la più NORMALE che esista, la più semplice, quella più simile a come la natura ha fatto il chicco.

Eppure ai giorni nostri è "normale" la farina bianca, la pasta bianca, il pane bianco e il riso bianco... viene da pensare che forse qualcosa è andato storto nel corso degli anni...

Sono vari gli aspetti da affrontare quando si tratta l'argomento "integrale"...

...ma prima di addentrarci nei dettagli vediamo cosa ne pensa il dott. Franco Berrino riguardo ai cibi non integrali, nella fattispecie del riso:

LINK AL VIDEO:
https://youtu.be/nnxcYSh1XRU
(TIME: tutto il video)

In effetti tutti i prodotti integrali sono buoni così come sono. Hanno semplicemente un sapore caratteristico, cosa che invece si è persa nei cibi ultra lavorati. Il sapore infatti è indice di contenuto di nutrienti. Se prendete del riso bianco e lo cuocete avrà pochissimo sapore, e necessiterà di condimento, formaggio, sale, olio ecc.

Il riso integrale invece contenendo nutrienti presenta profumi e sapori intrinsechi, quelli della natura.

Potrebbe accadere in una prima fase che tale sapore ci disorienti, perché non ne siamo abituati; ma in pochi giorni si rovescerà completamente il punto di vista e anzi, tenderemo a riconoscere come "insipido" il corrispettivo raffinato (salvo ovviamente l'uso di condimenti, sughi, contorni ecc.).

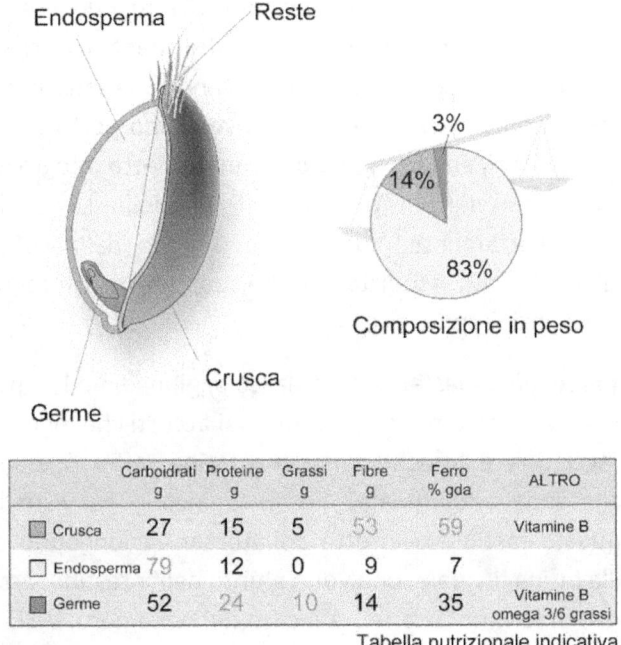

	Carboidrati g	Proteine g	Grassi g	Fibre g	Ferro % gda	ALTRO
☐ Crusca	27	15	5	53	59	Vitamine B
☐ Endosperma	79	12	0	9	7	
☐ Germe	52	24	10	14	35	Vitamine B omega 3/6 grassi

Tabella nutrizionale indicativa

Figura 4 - il chicco di grano

Analizzando un chicco infatti troviamo che poco più dell'80% del peso è formato dall'endosperma, ovvero la parte bianca, la crusca è quasi il 15%, mentre la minima parte è composta dal germe. Quest'ultimo racchiude la maggior parte dei nutrienti utili al nostro organismo (vitamine, proteine e minerali) mentre le preziose fibre si trovano nella crusca. Di fatto l'80% del chicco è composto da amidi, quindi zuccheri, che quanto più vengono lavorati, tanto più saranno di tipo "semplice".

Quindi la prima forza dell'integrale sta nella completezza di nutrienti che ci può fornire. La seconda nel lasciare intatti i carboidrati e fornirceli quindi nella forma più complessa come natura li ha fatti.

Un terzo aspetto da valutare quando si parla di integrale è certamente la coltivazione: qualunque tipo di pesticida, diserbante o altre sostanze si legano con facilità al germe o si depositano sulla crusca. Ecco che diventa praticamente necessario, se non vogliamo portare a casa un cocktail di veleni vari, andare a ricercare un prodotto integrale che sia stato coltivato coi metodi più naturali possibili. La coltivazione biodinamica è certamente più indicata, seguita dalla coltivazione biologica e niente più. Acquistare pane, pasta e riso integrale non biologico è potenzialmente rischioso.

In questo parco già abbastanza complesso aggiungiamo le "invenzioni eccezionali del genere umano": vi siete mai accorti che ingerire pane, pizza, schiacciatine e brioche fatte con farina raffinata può creare gonfiore alla zona addominale? Ecco... qualcuno ha visto bene di risolvere questo fastidioso effetto collaterale aggiungendo carbone vegetale alla farina, il quale, una volta giunto nell'intestino, assorbe gli eventuali gas di fermentazione... è il caso del pane nero, della pizza al carbone, o dei prodotti color neri antracite (da non confondere con quelli marrone scuri perché fatti con farine integrali, o con la segale)

Ecco, questi prodotti sono la risposta della scarsa consapevolezza ad un problema generato per altrettanta ignoranza: escludendo le possibili implicazioni del carbone vegetale e i suoi eventuali effetti indesiderati che, ad oggi, sono ancora da dimostrare ma certamente non sono stati neppure scongiurati da studi ufficiali (consideriamo, in attesa degli studi, che il carbone vegetale è pur sempre carbone; finemente tritato ma sempre carbone resta...) comunque è dimostrato che assorba le eventuali flatulenze. Ciò che forse andrebbe contestato è il continuo tentativo di far scomparire i sintomi anziché agire sulle cause scatenanti: al posto di eliminare le farine ultra-raffinate aggiungiamo carboni attivi (dal dubbio effetto sulla salute) per eliminare l'effetto gonfiore, dimenticandoci di tutte le complicazioni che si saranno certamente verificate nell'intestino dovute alla farina "00" e che hanno provocato del gas (gas che un essere umano senziente utilizzerebbe come allarme per evitare di ingerire nuovamente le sostanze che l'hanno prodotto, o quanto meno iniziare ad indagare sull'argomento). Proviamo allora a dare uno sguardo a quale tipo di farina viene usata nei prodotti al carbone: indovinate? ovviamente la peggiore, perché eventuali allarmi del nostro corpo (es. flatulenze) vengono attutiti dall'effetto del carbone.

...GENIALE, NON TROVATE?...

IL CIRCOLO VIZIOSO DELLO ZUCCHERO

All'inizio di questo capitolo abbiamo visto un video di Marco Montemagno che parlava di zuccheri, definendoli il "nuovo fumo" (rivedi 35 secondi del video se non lo ricordi a partire dal minuto 1:30).

Ma come è possibile che una sostanza in grani così apparentemente innocua ed innocente come lo zucchero possa creare tali danni?

È stato studiato a fondo il "circolo vizioso dello zucchero" ed ora con le conoscenze che abbiamo acquisito possiamo andare ad approfondirlo:

iniziamo dalla fine: percepiamo lo stimolo della fame (attenzione, in base a quanto detto sulle farine raffinate, questo concetto vale anche per cracker, schiacciatine, pizze ecc) e decido di mangiare qualcosa; il nostro cervello sa cosa vuole, in funzione di ciò che lo abbiamo abituato a conoscere (qualcuno preferisce il salato, qualcun altro il dolce). A questo punto abbiamo trovato ciò che cercavamo e lo mangiamo: l'alto valore dell'indice glicemico dei cibi comunemente presenti nel nostro quotidiano induce un rialzo repentino del valore di glicemia nel sangue. Abbiamo visto che cosa succede, e come i sistemi di controllo entrino in azione producendo molta insulina per evitare danni metabolici. Quello che ancora non abbiamo visto è che contemporaneamente viene rilasciata una sostanza appagante, la dopamina, che letteralmente "droga i nostri sensi" e ci fa sentire "bene" oltre misura. Fin qui niente di male, salvo le infiammazioni per la produzione di insulina e le alterazioni metaboliche... ma ciò che maggiormente ci danneggia è il rapido crollo della glicemia dovuta proprio all'insulina. Infatti così come precipita la quantità di zucchero nel sangue, crolla anche il rilascio di dopamina, facendoci passare rapidamente da una fase di eccitazione ad una di ricerca bramosa di altro zucchero (nella forma in cui il nostro cervello lo ha imparato a riconoscere). Ed eccoci tornati all'inizio del ciclo... da cui non possiamo uscire se non con difficoltà, consapevolezza e un bel po' di volontà...

Ma che cavolo stiamo mangiando?

E se ancora non ne siete completamente convinti… basterà guardare questo corto animato in cui, noi siamo rappresentati dall'animaletto, e la sostanza gialla, musicale e tanto soave… indovinate cos'è…

LINK AL VIDEO:
https://youtu.be/HUngLgGRJpo
(TIME: tutto il video)

Ecco, normalmente non abbiamo la percezione reale di essere già in una delle fasi del "percorso" del protagonista del video (se all'inizio del cammino, a metà o già verso gli ultimi fotogrammi), ma quel che è certo è la fine che fa… e non la auguro a nessuno.

LE CALORIE VUOTE

Pensiamo sempre a come addolcire i nostri pasti, i nostri spuntini o peccati di gola con qualche bibita senza minimamente renderci conto di quanto zucchero esse contengano. Di fatto beviamo etti di zucchero senza accorgercene, e poi ci sorprendiamo se facciamo la fine dell'uccellino del video precedente. Ci sono innumerevoli studi a riguardo, ma due tra i più interessanti mi hanno colpito particolarmente: il primo è della American Heart Association, la quale lancia l'allarme sullo zucchero aggiunto:

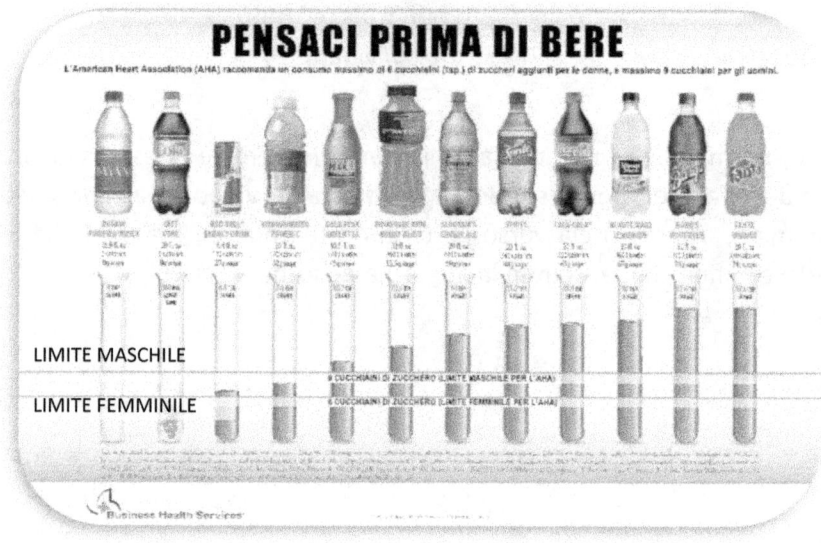

Figura 5 - contenuto di zucchero in una bottiglietta di bibite comuni

In questa immagine vediamo la quantità di zucchero presente nelle più note bottigliette di bibite "da pasto" (rappresentato dal liquido nella provetta) in confronto al limite massimo di assunzione giornaliera di zuccheri aggiunti (linee orizzontali). Ciò che più sorprende è che in una semplice bottiglietta da mezzo litro di una qualunque bibita delle più diffuse (quelle sulla destra) è presente una quantità di zucchero pari a 3 volte la linea orizzontale bassa (ovvero il limite di zucchero per le femmine)! Per quanto riguarda invece il limite maschile (linea orizzontale superiore) bevendo la stessa bottiglietta un maschio supera di "solo" due volte la quantità assimilabile in un giorno...

Il secondo studio molto interessante invece è inglese, e confronta lo zucchero nelle bibite con il massimo dei carboidrati semplici consentiti in un giorno.

Come vediamo purtroppo in molti casi questo valore è già tutto colmato da un semplice shake da fast-food

Ma che cavolo stiamo mangiando?

Figura 6 - contenuto di zucchero di prodotti da fast food

A titolo di esempio basta dare un'occhiata al "Burger King's large choccolate milkshake" (quello evidenziato) che con i suoi 102g di zucchero satura ampiamente i 90g massimi GIORNALIERI di assunzione per le femmine, e per poco non completa il totale per i maschi (che ricordo essere 120g)

Ma sarà davvero così tanto pericoloso circondarci di questo tipo di cibo?

Qual è l'effettivo danno che ci procuriamo in questo modo?

E' stato scritto così tanto sull'argomento che ormai abbiamo il rigetto, eppure sempre di più trascuriamo questo aspetto fondamentale.

Per evitare di sottovalutarlo aiutiamoci con un piccolo esempio quotidiano:

il nostro corpo, il nostro organismo, così complesso ed estremamente affascinante lo rappresentiamo come un'auto sportiva ad alte prestazioni. Diciamo una Ferrari:

E pensiamo alle calorie come l'effettiva energia necessaria a farla funzionare, ovvero la benzina

GRASSI E CARBOIDRATI SONO

Peccato però che un'auto non consuma solo benzina, ma ha, in virtù della sua complessità, molte altre necessità: serve avere la batteria carica, un buon livello di liquido refrigerante nel radiatore, di olio nel motore, di olio nell'impianto frenante ecc.

Ovvero il nostro organismo ha bisogno, oltre alle calorie, di proteine, vitamine, minerali, acqua fibre ecc...

Potremmo pensare di mantenere funzionante un'auto preoccupandoci di aggiungere sempre e solo benzina?

Potremmo pensare, anche se non siamo pratici in materia, di poter trascurare acqua, olio, freni e sperare che non succeda mai niente alla nostra cara e amata Ferrari?

Eppure mangiamo di norma cibo che contiene quasi esclusivamente tanta "benzina" e poco o niente degli altri componenti fondamentali. Questo tipo di cibo ha ormai trovato talmente tanto spazio sulle nostre tavole che gli addetti ai lavori hanno coniato addirittura un termine ad hoc: "JUNK FOOD" (in italiano "CIBO SPAZZATURA") che evoca proprio il concetto di "scarto della nutrizione".

ATTENZIONE: è junk food il cibo dei fast food ma lo è anche una pasta al pomodoro (specialmente se fatta con la pasta bianca). È infatti junk food tutto quello che contiene solo grassi o carboidrati (ai quali se aggiungiamo il sale otteniamo il mix esplosivo che i recettori del nostro cervello interpretano come "gusto irresistibile") senza al contempo contenere vitamine, minerali, fibre ecc: in quest'ottica diventa junk food una fetta di petto di pollo del supermercato (ma anche di seitan) senza un contorno adeguato, un merendino, la torta fatta in casa da nostra nonna, così come lo è un aperitivo a base di vino e stuzzichini vari. Perché:

JUNK FOOD È CIBO CHE SAZIA MA NON NUTRE

...e non necessariamente "fatto con ingredienti non genuini"

Ovviamente il nostro scopo non è tanto evitare il cibo spazzatura come un dogma religioso-fanatico, ma solo riconoscerlo ed evitare di consumarlo come base della nostra alimentazione quotidiana. Perché se fare aperitivo è un piacere sociale che allieta le nostre serate, è altrettanto necessario tenere presente che sebbene usciamo sazi (ovvero senza fame) da quella serata la nostra "auto metabolica" ormai è stata rifornita di sola benzina. E se il giorno dopo a colazione mangiamo per esempio delle fette biscottate con la marmellata, a pranzo un piatto di pasta e poi nuovamente aperitivo (oppure pizza fuori con gli amici) ... ecco: ci stiamo nutrendo tutto il giorno di junk food.

Pensiamo che sia troppo stressante questa visione? A mano a mano che andiamo avanti con questo libro la consapevolezza si strutturerà sempre di più, e senza neanche accorgercene ci ritroveremo a guardare il cibo con occhi diversi... e senza stress!

I NOMI DELLO ZUCCHERO

Abbiamo ormai chiaro che il cibo quotidiano è un mix di sostanze spesso inutili o sovrabbondanti e contemporaneamente carente di tutto il resto che sarebbe utile e fondamentale.

La legge sull'etichettatura (che vedremo a fine libro) obbliga il produttore ad indicare tutti gli ingredienti presenti nel prodotto, eppure spesso non capiamo cosa stiamo mangiando.

Abbiamo parlato finora di zucchero, e quindi passiamo brevemente in rassegna i vari nomi che lo zucchero può assumere:

▶ SACCAROSIO: ovvero zucchero bianco, di norma estratto dalla barbabietola.

▶ ZUCCHERO INTEGRALE DI CANNA: è zucchero da tavola (simile nella forma alla segatura) che ancora contiene sali minerali e vitamine.

▶ ZUCCHERO GREZZO DI CANNA: pari dello zucchero bianco se non per il colore. Lo zucchero grezzo è generalmente zucchero bianco a cui viene aggiunta della melassa per ottenere il colore scuro. Da evitare.

▶ GLUCOSIO e MALTOSIO: due sostanze a basso costo ma ad alto potere dolcificante. Alzano velocemente la glicemia.

▶ DESTROSIO: altro nome del Glucosio.

▶ FRUTTOSIO: è un componente del Saccarosio e benché si trovi in natura va assunto con cautela. Quello presente naturalmente nella frutta ha una struttura differente da quello nel barattolo in grani, che andrebbe evitato.

▶ SCIROPPO DI GLUCOSIO-FRUTTOSIO: effetti simili al Fruttosio. Spessissimo aggiunto alle bibite. In genere è estratto dal mais che è uno degli alimenti più a rischio OGM...

▶ SORBITOLO (E420)/ XILITOLO: zuccheri presenti in alcuni tipi di frutta. Li troviamo spesso nelle caramelle e nelle gomme da masticare.

▶ SACCARINA (E954)/ ASPARTAME (E951)/ CICLAMMATI (E952): Sostanze chimiche con alto potere dolcificante ma con seri effetti collaterali dannosi

▶ STEVIA: dolcificante naturale estratto dall'omonima pianta.

▶ MALTO/MELASSA/MIELE/SUCCO DI MELA/SUCCO DI UVA: tra tutti i dolcificanti sembrano essere i migliori, ma anche quelli meno frequenti nei cibi industriali. Andrebbero comunque assunti in minor quantità possibile.

Ma che cavolo stiamo mangiando?

Attenzione ai dolcificanti: il dott. Franco Berrino lancia un allarme importante: dati alla mano, l'uso di bevande e cibi che contengono dolcificanti aumenta il tasso di obesità e diabete.

Sembra infatti che l'intestino, sentendo arrivare tali molecole molto più dolci dello zucchero si configuri e si prepari ad assorbire molto più glucosio del normale, col risultato di assimilarne di più e più velocemente dal resto del cibo assunto.

LINK AL VIDEO:
https://www.youtube.com/embed/Rq_vCqt2idA?start=11&end=138
(TIME: tutto il video)

In pratica sembra che sia più dannoso mangiare una pizza e una bibita light, piuttosto che una pizza e una bibita "standard", nonostante la versione light della bibita apporti circa zero calorie al pasto!

E' l'ennesima conferma che il metodo del conteggio delle calorie non ci garantisce alcuna certezza di risultato...

CAPITOLO 4.   ACQUA

Il secondo importante macronutriente che occorre conoscere per avere un'alimentazione equilibrata è l'acqua.

Anche in questo caso ci facciamo spiegare alcuni concetti da un esperto, nello specifico il dott. Alessandro Sartorio, che affronta l'argomento "acqua" parlando dei bambini, ma se escludiamo il caso dei neonati, il resto vale precisamente anche per noi adulti...

LINK AL VIDEO
https://www.youtube.com/watch?v=56_9YJK8Gec
(TIME: tutto il video)

Abbiamo sentito quindi quanto sia importante bere, sia per noi, sia per dare l'esempio. E soprattutto introduce un argomento scottante: la quantità di acqua che assumiamo con frutta e verdura è insufficiente. Andando avanti vedremo che il tema "dell'insufficienza" sarà ripreso più volte...

Entriamo allora nel vivo: è vero che serve bere? Sarà sufficiente una bottiglietta d'acqua? E che cosa succede se beviamo poco?

Ci siamo mai chiesti quanta acqua c'è in un corpo umano? Qualcuno forse conosce la percentuale, che si aggira intorno al 60% (qualcuno dice 70%) ma in linea di massima questo numero non ci dice assolutamente niente. Proviamo allora a vedere l'acqua in questi termini:

prendendo a riferimento un maschio di circa 80kg possiamo dedurre che il suo peso è formato da circa 48kg (ovvero litri) di acqua.

Abbiamo idea di cosa siano 48 litri di acqua? Guardiamoli:

Ecco qui ben cinque casse e due bottiglie di acqua. Impressionante vero? Quando me lo fecero notare, non ne avevo assolutamente idea! Da quel giorno berne una al giorno diventò molto più semplice, e quasi mi sembrava poca cosa!

L'acqua infatti è parte integrante di noi! Basti pensare che un organo tra i più importanti, come i polmoni, sono fatti al 90% di acqua! Per confronto si consideri che il sangue ne contiene "solo" l'83%, mentre il cervello circa il 75%.

Va da sé dunque che dimenticarsi dell'acqua significa dimenticarsi di noi stessi.

Vale la pena ricordare anche quanti interessanti processi si innescano bevendo acqua: dopo 10 minuti circa il nostro metabolismo si attiva e iniziamo a bruciare più calorie, ci sentiamo più attivi e pronti. Spesso utilizziamo il caffè per darci la carica, eppure potrebbe bastare anche un semplice bicchiere d'acqua qualora la stanchezza fosse dovuta ad una disidratazione non percepita...

Pochi lo sanno, ma tra i primi sintomi della carenza di acqua c'è proprio l'affaticamento:

% Perdita Acqua Corporea	SINTOMI
1-2	Sete, affaticamento, indebolimento, disturbi alla digestione, perdita dell'appetito
3-4	Alterazione della forza fisica, secchezza delle fauci, riduzione delle urine, arrossamento della pelle, impazienza, apatia
5-6	Difficoltà nella concentrazione, mal di testa, irritabilità, sonnolenza, alterata regolazione della temperatura corporea, aumento della respirazione
7-12	Vertigini, spasmi muscolari, delirio, sfinimento, coma, morte

Figura 7 - Tabella sintomi da disidratazione

Basta quindi un minimo di perdita d'acqua per avvertire sintomi che spesso sottovalutiamo o riteniamo "normali"

D'accordo, sappiamo cosa succede in caso di mancanza di acqua, ma vi starete chiedendo: "quanta acqua devo bere per scongiurare la disidratazione, anche minima?"

Ma che cavolo stiamo mangiando?

Questo calcolo è ben esemplificato in un semplice video della National Geographic:

LINK AL VIDEO
https://youtu.be/lKVvBc_H5q0
(TIME: tutto il video)

Vorrei aggiungere che tra i tanti organi che potrebbero subire la mancanza di acqua, i più sofferenti sarebbero le reni poiché col loro lavoro incessante di filtraggio si occupano di pulire circa 120 litri d'acqua nelle 24 ore! Anche in questo caso però i numeri non rendono giustizia, e pertanto si rende necessario il ricorso ad un esempio: se i reni fossero un'impresa di pulizia alle prese con un enorme pavimento, cosa pensate che gioverebbe all'igiene dell'ambiente? Usare sempre la stessa acqua in cui lo straccio dopo tre passate l'ha resa putrida, oppure poter svuotare il secchio di frequente e poter apportare acqua pulita di frequente? Pensiamoci la prossima volta che andiamo in bagno e controlliamo visivamente il colore della nostra urina: se è troppo scura e maleodorante, beh, sono forse ore che stiamo facendo lavare il pavimento con la stessa acqua stagnante... ma attenti: se è quasi incolore e inodore forse la stiamo cambiando troppo spesso. Questa semplice verifica ci aiuta a comprendere se il bilancio "acqua in uscita – acqua in entrata" è corretto. Inoltre non costa niente, solo un pochino di presenza e di attenzione mentre facciamo pipì!

Se poi per esempio facciamo attività sportiva, anche solo amatoriale, sarà bene tener conto di alcuni importanti fattori:

L'acido lattico viene smaltito attraverso i fluidi corporei. Non vorremo certo far mancare l'acqua durante o dopo lo sport? Inoltre se miriamo alla performance occorre tenere presente che già una disidratazione del 2% compromette sensibilmente le nostre prestazioni. Cerchiamo allora di fornire acqua al nostro corpo ogni venti minuti circa, e teniamo ben presente che uno stato di disidratazione può richiedere fino a settantadue ore per il suo recupero.

CAPITOLO 5.   FIBRE

Eccoci ad un argomento abbastanza controverso... come sempre troviamo esponenti della fazione "le fibre fanno bene" e quelli della fazione opposta "le fibre fanno male". Come porsi dunque nella nostra realtà e poter fare una scelta? Come sempre, andando prima di tutto a capire cosa sono, per poi poter prendere una decisione consapevole.

Diciamo prima cosa sono le fibre: di fatto esse sono carboidrati (come gli zuccheri del primo capitolo, esatto) ma risultano non digeribili dall'uomo. In natura moltissimi animali riescono invece ad assimilarle (per esempio le mucche o i ruminanti in generale) poiché dotati di apparati digerenti appositamente pensati per questo scopo.

Come dicevamo le fibre sono indigeribili, ma hanno senz'altro un ruolo chiave nella nostra nutrizione quotidiana: alcuni tipi di fibre infatti una volta giunte nell'intestino fermentano formando una specie di gel, altre si comportano come una "spugna" per le pareti intestinali. Vediamo allora quante ne esistono, e qual è la loro funzione:

FIBRE SOLUBILI

Si definiscono solubili quelle particolari fibre che fermentando nell'intestino si sciolgono formando una specie di gel che ricopre le pareti interne dell'apparato digerente, e rallentano così l'assorbimento di grassi e zuccheri (che come abbiamo visto tendono ad eccedere nella nostra dieta quotidiana)  guadagnando un ruolo fondamentale a livello metabolico, poiché regolano eventuali picchi glicemici e l'accumulo di riserve grasse.

L'esempio che possiamo usare per fissare nel nostro bagaglio di conoscenza questo tipo di fibre è quello del GEL: immaginiamole proprio come una sostanza vischiosa che circola all'interno del nostro intestino (indovinatene il colore...) e che grazie alla sua caratteristica chimica si lega con grassi e zuccheri prima che possa assorbirli l'intestino. Attenzione però perché in questo gel rimangono invischiate anche altre sostanze utili (ma se ci pensiamo, da millenni cosa usiamo come concime per il terreno?...) quindi è bene non esagerare.

FIBRE INSOLUBILI

Le fibre insolubili, al contrario delle precedenti, non modificano la loro forma in gel, ma mantengono la struttura fibrosa per l'intero percorso. Si legano assieme formando una specie di spugna, la quale 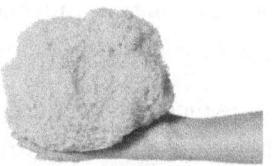 interviene coadiuvando l'azione meccanica della motilità intestinale, e ripulendo le pareti da eventuali residui. Il loro ruolo nel tenere in ordine il tratto dell'intestino le rende indispensabili per la salute di questo organo fondamentale, oltre che a regolare a contrastare la stitichezza facilitando l'evacuazione. Anche in questo caso poniamo attenzione al fatto che un eccessivo apporto di queste fibre potrebbe rendere troppo veloce il passaggio del cibo, riducendo i tempi a disposizione per l'intestino di assorbire i nutrienti desiderati.

Riassumiamo sinteticamente le caratteristiche dando uno sguardo anche ai loro nomi, poiché potrebbe capitare più spesso di quanto crediamo di trovarne alcune sulle etichette dei cibi...

FIBRE SOLUBILI	• PECTINE • GOMME • AMIDO NON DIGERIBILE • FRUTTANI (INULINA E FRUTTO-OLIGO-SACCARIDI) • ALGINATI • MUCILLAGINI	• Sono altamente fermentabili • non assorbono acqua • si sciolgono per formare un gel fino a 100 volte maggiore del loro peso iniziale	
FIBRE INSOLUBILI	• LIGNINA • CELLULOSA • EMICELLULOSA	• Sono scarsamente fermentabili • trattengono molta acqua • non si sciolgono	

FIBRE SI O FIBRE NO?

Quindi possiamo dire che le fibre sono indispensabili per il nostro benessere? Certamente sì, anche se come abbiamo visto un eccesso potrebbe creare assorbimenti indesiderati di nutrienti utili, o un'elevata velocità di evacuazione (di fatto non concedendo all'intestino il tempo di assorbire la quantità di nutrienti desiderata). Eppure sembra che i casi di eccesso di fibre siano ampiamente lontani, come ci mostrano i dati dell'unità operativa di Oncologia dell'ospedale di Rimini, che avendo condotto uno studio dedicato sull'argomento, ha ricavato dati allarmanti: otto italiani su dieci (quindi l'80%) assume una quantità di fibre giornaliere inferiore a quella minima ritenuta sufficiente.

Questo dato è valutato in circa 30g di fibre al giorno, suddivise in 60% solubili e 40% insolubili.

È un valore forfettario calcolato attribuendo circa 15g di fibre ogni 1000 kCal di cibo ingerito, quantità che sarebbe sufficiente a regolare i processi metabolici che abbiamo visto nei paragrafi precedenti

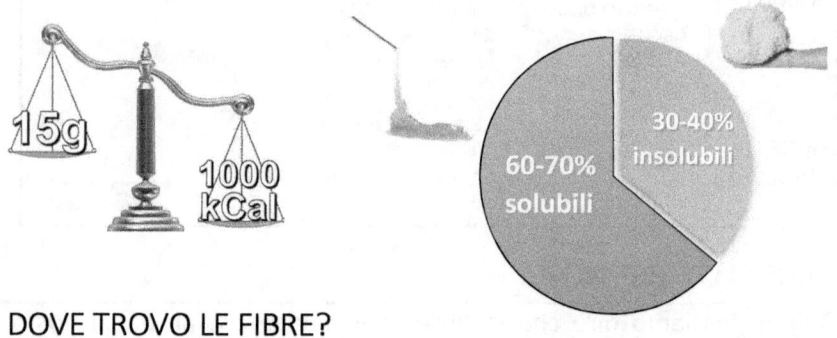

DOVE TROVO LE FIBRE?

A questo punto diventa necessario capire dove poter trovare le fibre, e soprattutto di quale tipologia.

Un buon modo di "pensare le fibre" è quello di associare il gel delle fibre solubili alla caratteristica molliccia dei legumi e della frutta, mentre le fibre insolubili le associamo alle cuticole e pellicine di grani, semi, frutta a guscio ecc

Quindi andremo a consumare legumi e frutta per creare il famigerato GEL, e farine integrali o frutta a guscio per tenere pulito e in ordine il nostro intestino.

Esempio del contenuto di **<u>fibre solubili</u>** di alcuni cibi:

Ma che cavolo stiamo mangiando?

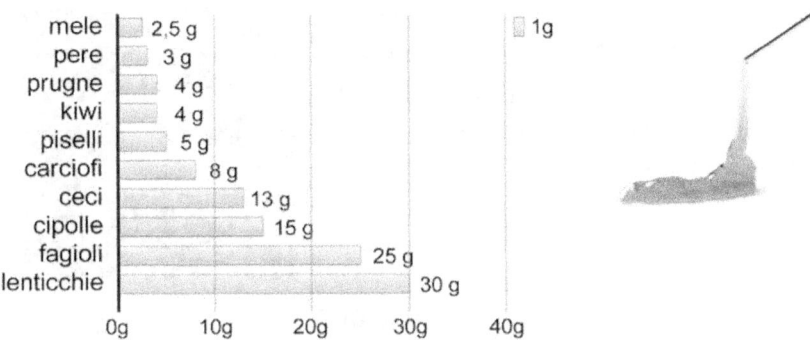

Figura 8 - contenuto di fibra solubile per 100g

Esempio del contenuto di **fibre insolubili** di alcuni cibi:

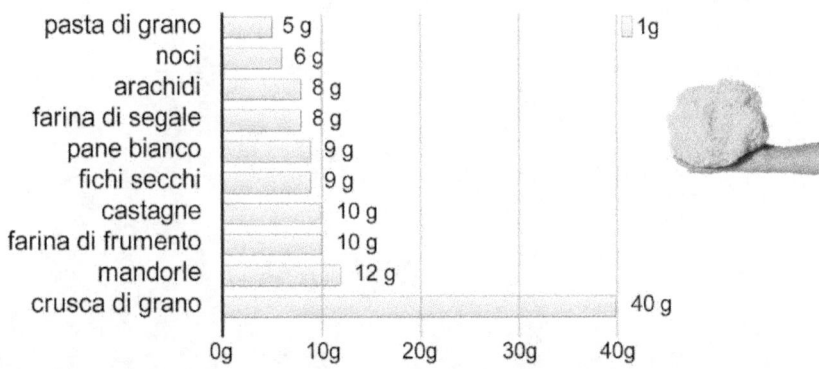

Figura 9 - contenuto di fibre insolubili per 100g

Chiudiamo l'argomento con un video molto divertente dell'Ass. Provinciale Panificatori Aretini, i quali, a modo loro, riassumono il problema della carenza di fibre...

LINK AL VIDEO

https://www.youtube.com/watch?v=eLwg4IQtI_E

(TIME: tutto il video)

CAPITOLO 6.   PROTEINE

Affrontando questo argomento vedremo nel dettaglio i seguenti aspetti:

o   Cosa sono le proteine

o   Cosa sono gli Aminoacidi

o   La funzione delle proteine

o   Quali tipi di proteine esistono

o   Quali sono le fonti proteiche esistenti

o   Apporto proteico raccomandato

o   Gli effetti di carenze di proteine

o   Cos'è il metabolismo

o   Cos'è la termogenesi

o   Cosa aiuta il metabolismo

PROTEINE

Oggi parliamo tanto di proteine, spesso associandole alla dieta del palestrato che vuole mettere su un fisico scultoreo, o comunque legato all'attività fisica. Spiace constatare che nella routine quotidiana la proteina sia l'argomento più trascurato a tavola.

Semplificando al massimo il concetto, le proteine sono nutrienti fondamentali che ricoprono ruoli chiave nel nostro organismo. Anche in questo caso è possibile utilizzare un esempio per imparare a conoscerle e ricordarci di loro nei momenti di vita quotidiana...

Proviamo per un istante a ricordare quando da piccoli giocavamo con i mattoncini delle costruzioni, e di quante volte abbiamo montato e smontato astronavi, palazzi, automobili e barchette di ogni genere. Perfetto, ora immaginiamo le proteine proprio come astronavi, palazzi e barchette formate dai singoli mattoncini di costruzioni, che come ricordate, si differenziano in forma e colore.

AMINOACIDI

Bene, per capire le proteine non ci serve altro: esistono infatti 21 tipi di mattoncini differenti nella nostra alimentazione, che assumono il nome (anche in questo caso troppo spesso frainteso e associato a pratiche di culturismo estremo) di AMINOACIDI.

Con estrema serenità infatti scopriamo che gli aminoacidi sono soltanto i pezzetti che, incastrati tra di loro, formano le proteine.

Cosa ne direste allora di cominciare a guardare con occhi differenti il cibo? Per esempio, se osservassimo della carne o un hamburger con la "vista a mattoncino" ci apparirebbero più o meno così:

Ma che cavolo stiamo mangiando?

Figura 10 - un esempio di cibo "visto" come somma di mattoncini

Ovvero come un aggregato ordinato di costruzioni. E che cosa succede durante la digestione? Il cibo viene ridotto nuovamente in pezzetti elementari, separati, per poi essere usati nella costruzione di qualcosa di completamente diverso. Per esempio mangiamo l'hamburger dell'immagine precedente e con quei pezzetti costruiamo lo scafo di un vascello...

In sintesi: quando assumiamo del cibo che contiene proteine (per esempio una fetta di manzo), il nostro apparato digerente si organizza per scomporre tutto nei componenti più elementari possibile (gli aminoacidi) e poi li invia alle varie parti del corpo dove vengono usati per ricostruire tessuti muscolari, formare anticorpi, capelli eccetera.

Ma, ripensando sempre a quando giocavamo da piccoli, quante volte ci è successo che, nonostante tutti gli sforzi possibili, mancasse proprio un pezzo specifico per completare l'ala del nostro aereo? Quanti tetti di case sono stati assemblati con pezzetti di fortuna perché ci mancavano quelli piatti e lunghi?

Il nostro corpo svolge esattamente le stesse operazioni: Esistono ventun tipi di aminoacidi diversi, e 9 di questi sono veramente importanti e insostituibili; i restanti 12 possono essere rimpiazzati da "assemblaggi" di fortuna realizzati usando quei 9 primari. Di fatto quindi si può dire che esistono:

9 aminoacidi ESSENZIALI e 12 aminoacidi NON ESSENZIALI

Ovvero esistono 9 mattoncini di base senza i quali facciamo fatica a fare le nostre costruzioni:

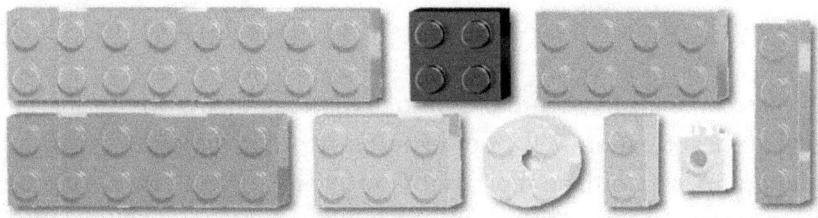

Figura 11 - i "mattoncini" essenziali

E 12 mattoncini che se presenti ci rendono il lavoro più facile e la costruzione più realistica, ma in caso di carenza riusciamo ad arrangiarci in qualche modo e portiamo a termine il lavoro

Figura 12 - i "mattoncini" non essenziali

Questi 12 mattoncini non essenziali immaginiamoli differenti dagli altri per forma, colore o spessore e ripensiamo alla nostra infanzia: da piccoli ci importava davvero se il muro della casetta che stavamo costruendo era tutto bianco omogeneo? Se qualche mattoncino era giallo o rosso, la nostra casa smetteva forse di sembrare una casa? Ai fini del gioco certo non faceva differenza, ma come negare quanto rimanevamo affascinati dalle costruzioni perfette esposte nelle vetrine dei negozi?... quelle sì che avevano tutti i mattoncini giusti al posto giusto!... Ecco, allo stesso modo, necessitiamo dei 9 aminoacidi ESSENZIALI perché senza di essi fatichiamo a produrre le proteine (o magari proprio non ci riusciamo) però possiamo fare a meno dei 12 aminoacidi NON ESSENZIALI, sebbene le "costruzioni" risultino più semplici quando li abbiamo a disposizione.

FUNZIONI DELLE PROTEINE

Abbiamo chiarito quindi cosa sono le proteine e come vengono smontate e rimontate di continuo... ma quante forme possono assumere? E a cosa ci potranno servire mai?

In effetti la lista è molto lunga, ma proviamo a riassumerne alcune categorie, proprio per poterne avere un'idea un pochino più precisa; le proteine infatti possono:

- o formare tessuti muscolari, organi interni, pelle, capelli e matrice ossea;
- o produrre enzimi, ormoni e sostanze che controllano i nostri caratteri ereditari e buona parte dei processi chimici dell'organismo;
- o far crescere, riparare e mantenere la struttura delle cellule;
- o contribuire al funzionamento della memoria;
- o collaborare alla trasmissione dell'impulso nervoso;

- mantenere stabile il PH del sangue;
- contribuire alla regolazione della pressione sanguigna;
- contribuire alla regolazione della glicemia nel sangue;
- formare anticorpi;
- partecipare alla coagulazione del sangue;
- trasportare nutrienti e ossigeno attraverso il flusso sanguigno.

Concludiamo la lista non esaustiva delle funzioni su base proteica stimolando una riflessione sulla vastità del campo d'azione di questo macronutriente, e della varietà di compiti che vengono svolti dalle catene di aminoacidi, a volte davvero impensabili. Ma in effetti, tornando con la memoria ai nostri giochi di bambini, quanta fantasia serviva per smontare un vascello e farne un aereo? Cosa avranno avuto mai in comune? Probabilmente niente, eppure ci riuscivamo con semplicità e spesso ottimi risultati!

LE FONTI PROTEICHE

Il capitolo sulle fonti proteiche rischia sempre di scadere nella diatriba tra fonti animali e fonti vegetali, quando probabilmente è interesse di ordine superiore andare a cercare la qualità delle proteine, a prescindere dalla fonte animale o vegetale...

Per prima cosa ascoltiamo i consigli del dott. Filippo Ongaro proprio sull' argomento della scelta della tipologia proteica

LINK VIDEO:

Ma che cavolo stiamo mangiando?

https://www.youtube.com/watch?v=2pBK1ms9DA8
(TIME: tutto il video)

Come ben specificato dal dottore, ciò che conta non è tanto l'assunzione delle proteine da fonte vegetale o animale, quanto lo stile di vita che ha avuto quell'animale o la modalità di coltivazione e lavorazione dei legumi o degli ortaggi.

È sufficiente infatti osservare uno dei tanti studi realizzati sull'argomento per accorgerci che il cibo di oggi non è più quello di un tempo, come per esempio la ricerca sull'evoluzione del pollo da allevamento: cinquant'anni fa da zero a due mesi un pollo cresceva fino a circa 900g. mentre già nel 2005, nello stesso lasso tempo, raggiungeva addirittura i 4200g;

Ma che cavolo stiamo mangiando?

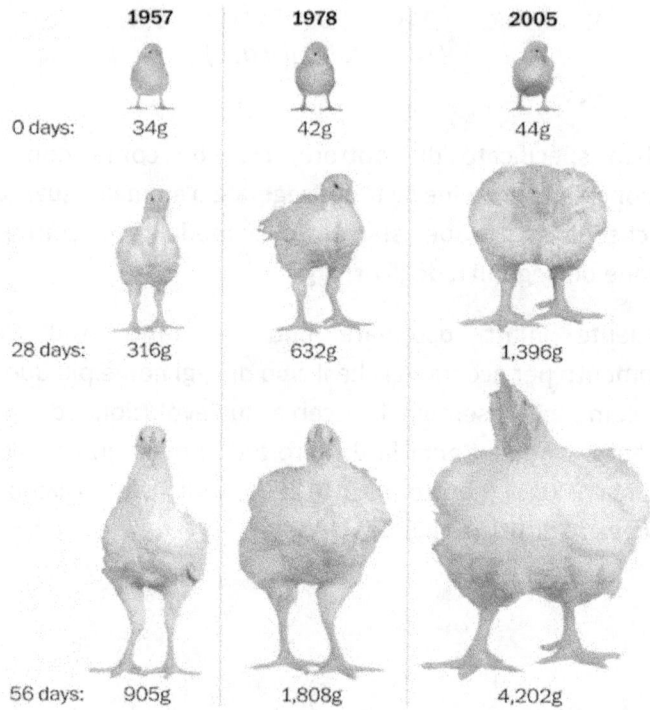

Figura 13 - come è cambiata la velocità di crescita del pollo

Oppure questo articolo di Federsalus che già nel 2008 scriveva:

Ma che cavolo stiamo mangiando?

Indagine Eta Meta per Federsalus

SALUTE: I CIBI NON SONO PIÙ QUELLI DI UNA VOLTA. ALIMENTI OGGI MENO NUTRIENTI DEL 50%.

Esperti di nutrizione e di tecnologie agroalimentari denunciano: la perdita della stagionalità, inquinamento e politiche agrarie di alcuni paesi hanno ridotto di più del 50% le proprietà nutritive dei cibi "amici della salute".

Corretta alimentazione, apporto vitaminico bilanciato, pricipi nutritivi equilibrati con la giusta quantità di fibre e di grassi.

In una parola i principi alla base della dieta mediterranea, indicata in tutto il mondo come il modello più sano di alimentazione.

__Almeno fino a ieri.__ Oggi rischia di non essere più così.

L'allarme arriva dai nutrizionisti ed esperti del settore agroalimentare: __"Rispetto a 15 – 20 anni fa la maggior parte degli alimenti ha perso oltre il 50% dei propri valori nutritivi".__

Ad essere sotto accusa soprattutto __frutta e verdura__, ma anche gli altri "ingredienti" della dieta mediterranea non sono più quelli di un tempo.

I motivi? I procedimenti di produzione e di conservazione dei prodotti che arrivano da tutte le parti del mondo, la richiesta di prodotti fuori dalla loro naturale stagione e, non da ultimo, l'inquinamento.

Abbiamo visto dunque che l'impoverimento del cibo investe tutte le categorie di nutrienti, e la qualità delle proteine non ne risulta esente. Ma prima di addentrarci all'interno della valutazione delle caratteristiche proteiche, diamo uno sguardo veloce alla quantità delle proteine dei vari cibi.

Anche in questo caso la tabella è puramente indicativa:

Carne	18-25%
Tofu e burger di soia	14-17%
Legumi	19-25%
Quinoa	13-14%
Noci, nocciole e mandorle	13-21%

Come si può vedere, le differenze in termini di quantità proteiche non sono poi così tanto abissali tra cibi vegetali e cibi animali. Ma allora perché sentiamo dire spesso che una dieta senza carne ci mette a rischio dal punto di vista di apporto proteico?

Queste considerazioni, a volte anche fondate, prendono piede dalla valutazione della proteina, ovvero dalla quantità di aminoacidi essenziali che quel cibo apporta. In effetti le carni contengono praticamente sempre i 9 aminoacidi essenziali all'uomo, e questo aspetto rende il loro contributo nutrizionale sicuramente completo (almeno, per l'argomento "proteine"). Nel mondo vegetale questa completezza è riservata a ben pochi casi: cito a titolo di esempio la quinoa, la segale e la canapa che apportano una buona quantità di almeno 8 dei 9 aminoacidi tanto ricercati (la quinoa li apporta tutti e 9).

Ma non di sola segale o quinoa possiamo vivere... no? Quindi come facciamo a completare il nostro parco proteico senza magari abusare di carni o uova?

La natura pensa sempre a tutto, e i nostri nonni questo l'avevano imparato bene: se combiniamo cereali e legumi otteniamo la completezza degli aminoacidi essenziali perché possiamo affermare con buona approssimazione che gli elementi presenti nei legumi sono scarsi nei cereali e viceversa! Ecco che una bella zuppa di fagioli appare agli occhi del nostro metabolismo come una sostituzione ideale (sul piano proteico) di una fetta di carne (troppo costosa e di difficile reperibilità per i tempi duri in cui vivevano i nostri i nostri nonni)

BASSO VALORE BIOLOGICO	MEDIO VALORE BIOLOGICO	ALTO VALORE BIOLOGICO
Cereali	Legumi	Carne, uova, latte, soia
Coprono a malapena le necessità di mantenimento. Non adatti all'accrescimento	Coprono sufficientemente le esigenze di accrescimento	Complete di tutti gli aminoacidi necessari al nostro organismo

Vale la pena tenere a mente l'insegnamento delle nostre tradizioni culinarie e ricordare che:

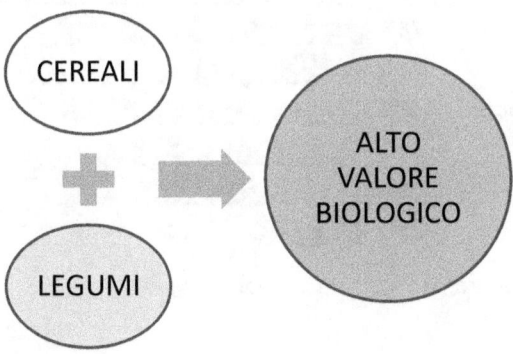

Sebbene la somma di cibo a basso e medio valore biologico fornisca effettivamente una gamma completa di aminoacidi e quindi un valore biologico "complessivo" alto, negli anni è stato perfezionato il sistema di valutazione della fonte proteica, tenendo in considerazione un aspetto molto semplice: se il valore biologico esprime la completezza del cibo prima che venga ingerito, come possiamo valutare quante queste proteine vengono poi effettivamente assorbite dal nostro organismo? resta quindi il dubbio di capire questo ulteriore parametro. Studiando quindi la capacità di assorbimento in funzione della quantità di sostanze contenute nel cibo (valore biologico) è stata pubblicata la seguente classifica che mostra la percentuale di capacità di assorbimento di quel determinato alimento:

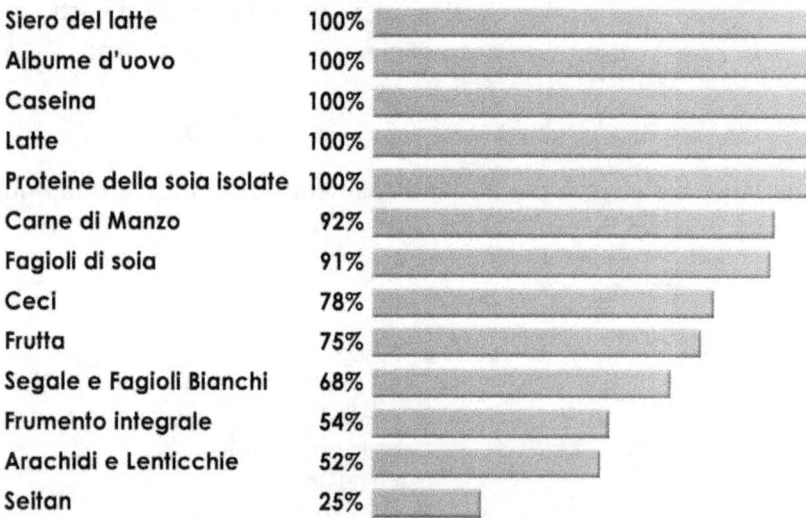

Siero del latte	100%	
Albume d'uovo	100%	
Caseina	100%	
Latte	100%	
Proteine della soia isolate	100%	
Carne di Manzo	92%	
Fagioli di soia	91%	
Ceci	78%	
Frutta	75%	
Segale e Fagioli Bianchi	68%	
Frumento integrale	54%	
Arachidi e Lenticchie	52%	
Seitan	25%	

Figura 14 - percentuale di proteine assorbita dal nostro organismo

Quindi le proteine contenute in un etto di albume saranno assimilate tutte, mentre quelle di un etto di seitan saranno trattenute solo per un quarto (i restanti tre quarti verranno espulsi).

APPORTO PROTEICO RACCOMANDATO

Nel calcolo della quantità di proteine (cercandole a questo punto il più possibile complete) di cui necessitiamo giornalmente abbiamo da valutare essenzialmente due aspetti: la nostra composizione corporea e il nostro stile di vita. Il mix di questi due fattori impatta fortemente sulle necessità proteiche del nostro organismo. Allontanarsi troppo dal valore ideale, sia in carenza che in eccesso, obbliga il nostro corpo a lavoro extra che si ripercuote giocoforza sul nostro benessere.

La ricerca del valore più adatto al nostro organismo è da svolgere a partire dal peso della massa magra, ovvero della componente attiva del nostro corpo. Questo valore è possibile ricavarlo per via analitica (tramite algoritmi di calcolo che basandosi su alcuni parametri come il peso, altezza, girovita ecc. stimano la quantità di grasso e di muscolo del corpo umano) o per via strumentale (utilizzando per esempio impedenziometri elettronici, apparecchiature ben più precise in grado di scannerizzare il contenuto del corpo e percepirne le differenze di conduttività elettrica e ricavarne quindi la natura grassa, muscolare ecc).

Una volta ottenuto un valore di massa magra in chilogrammi il più possibile fedele, lo si moltiplica per il valore in grammi del relativo stile di vita, che si valuta rintracciando la descrizione che maggiormente rappresenta la nostra settimana:

Ma che cavolo stiamo mangiando?

- ▶ 1.1 g = completamente sedentario
- ▶ 1.3 g = lavoro tranquillo, sempre seduti, no sport
- ▶ 1.5 g = lavoro normale, qualche camminata, sport occasionale
- ▶ 1.7 g = lavoro intenso o sport tre volte alla settimana
- ▶ 1.9 g = lavoro + allenamento ogni giorno (pesi o aerobico)
- ▶ 2.1 g = intenso allenamento quotidiano + pesi o macchine
- ▶ 2.3 g = allenamento agonistico + macchine, ogni giorno

Esempio: maschio di 70kg. L'impedenziometro indica 50kg di massa muscolare. Durante la settimana si allena moderatamente 3 volte (coefficiente 1,7g)

50 x 1,7 = 85g di proteine al giorno

Qualora fossimo incerti tra due descrizioni diverse prenderemo il coefficiente nel mezzo tra i due indicati:

esempio: se lo stesso maschio dell'esempio precedente lavorasse sempre seduto ma andasse a correre un paio di volte a settimana, sarebbe "sempre seduto a lavoro" ma non sarebbe "no sport". Sceglierà quindi il valore in mezzo tra 1,3g (sempre seduto) e 1,5g (sport occasionale) ovvero 1,4g

50 x 1,4 = 70g di proteine al giorno

Il mantenimento di una buona struttura muscolare è di fondamentale importanza per l'efficienza del metabolismo, il quale è alla base della vitalità della persona.

Una quantità di norma più bassa del valore suggerito porta all'utilizzo di riserve proteiche (ovvero dei muscoli normalmente meno utilizzati).

Ma che cavolo stiamo mangiando?

Una quantità di norma troppo alta rispetto a questo valore comporta carico sull'apparato di smaltimento e possibile accumulo di grassi.

È quindi buona norma oscillare attorno al nostro valore ideale, senza eccessivi stati di ansia dovuti alla ricerca della perfezione, ma semplicemente conoscendo il valore "corretto" e cercando di raggiungerlo senza eccedere troppo.

CAPITOLO 7. GRASSI

Altro capitolo "scottante": spesso parlando di grassi si commettono i più grandi fraintendimenti sull'argomento della nutrizione. Ci sarà senza dubbio capitato di scegliere una versione "senza grassi" di qualche cosa, prima o poi nella vita (un formaggio, una crema, un dolce ecc).

Ma avremo fatto la scelta giusta? Andiamo a scoprirlo!

Col termine "GRASSI" si identifica una specifica categoria di MACRONUTRIENTI, ovvero una di quelle che occupano (in termini di quantità) una ampia porzione della nostra giornata nutrizionale. Ma allora perché siamo tutti spaventati dai grassi, al punto da creare versioni "senza grassi" dei più comuni cibi che portiamo in tavola? Anche in questo caso la risposta è più una trattazione di storia, e non tanto un'argomentazione scientifica... forse anche in questo campo il genere umano ne ha combinata una delle sue...

A COSA SERVONO I GRASSI

Abbiamo detto che i grassi sono componenti fondamentali della nostra dieta quotidiana, e pertanto senza grassi il nostro corpo fatica a funzionare per bene. Vediamo insieme qualche funzione di questo macro nutriente:

ENERGIA

La prima e più importante funzione dei grassi è fornirci energia: essa rappresenta la forma più efficiente di accumulo energetico per l'essere umano. I grassi sprigionano più del doppio dell'energia degli zuccheri, e sono praticamente gli unici che consentono ad un mammifero di superare le carestie o i mesi di digiuno

Ma che cavolo stiamo mangiando?

APPORTO CALORICO PER GRAMMO	
Carboidrati	4 kCal / grammo
Proteine	4 kCal / grammo
Alcool	7 kCal / grammo
GRASSI ➡	9 kCal / grammo

Figura 15 - calorie prodotte per grammo di nutriente

ACCUMULO

A differenza dei carboidrati, i grassi possono essere accumulati in grandi quantità (eh si, lo so, a volte anche troppo!) per poter essere richiamati successivamente nei momenti di bisogno. Proprio perché abbiamo riserve di zuccheri piccole, convertiamo continuamente gli avanzi di zuccheri in grasso da utilizzare al momento del bisogno (più avanti vedremo quando, oltre ai casi limite del digiuno già accennato).

Diciamo che un corpo umano è in grado di correre per circa 100km andando ad utilizzare un chilo di massa grassa precedentemente depositata.

ANTIOSSIDANTI

Alcuni tipi di grassi proteggono il nostro corpo dalle aggressioni dei radicali liberi (agenti co-responsabili di malattie degenerative e dell' invecchiamento di organi e tessuti) funzionando quindi da "conservanti". Assicurare al nostro organismo questo tipo di grasso gli consente di operare nel massimo dell'efficienza di autoprotezione contro tutto ciò che lo degenera.

CUORE E VASI SANGUIGNI

I grassi hanno anche un ruolo chiave nella gestione del sistema cardiovascolare, nella coagulazione del sangue, nella funzione renale e nella costituzione di un buon sistema immunitario.

TRASPORTO DI VITAMINE

Ci siamo mai domandati dove vanno a finire le vitamine che assumiamo col cibo o con gli integratori? Ciascuna di loro è utilizzata per uno scopo preciso, e deve essere portata correttamente a destinazione. Pensiamo che spreco di tempo sarebbe impegnarci a cercare di assumere (spesso con difficoltà) i valori ottimali di alcune vitamine... per poi tralasciare di fornire al nostro corpo gli strumenti per poterle usare e recapitare dove servono... facendo fare a quelle vitamine un bel tour "illustrativo" del nostro intero apparato digerente per poi espellerle senza farci troppo caso insieme agli scarti del pranzo...

Senza dubbio sarebbe uno spreco ingiustificato.

Teniamo allora in mente che le vitamine A, D, E, K, ed F sono liposolubili e vengono trasportate (o trattenute per poi essere rilasciate al momento opportuno) dai grassi. Ne servono almeno 20g al giorno solo per questa funzione di trasporto.

SISTEMA NERVOSO

Quando apportiamo la corretta quantità di grassi al nostro organismo sviluppiamo mielina, una sostanza che protegge i nervi e consente la conduzione dell'impulso nervoso e il buon umore in genere.

PELLE SANA

Che cosa mantiene giovane la nostra pelle? I grassi, assieme alle proteine e all'acqua, le conferiscono le sue naturali caratteristiche di morbidezza, flessibilità ed elasticità, consentendolo di svolgere al meglio la sua principale funzione: quella di proteggere il nostro corpo dagli agenti e microrganismi esterni.

PROTEZIONE DAI TRAUMI

Questo è forse uno degli aspetti meno conosciuti: le articolazioni e gli organi godono di buona salute e funzionalità grazie alla funzione dei grassi: i lipidi li proteggono da possibili traumi mantenendoli, tra l'altro, nella loro posizione fisiologica di massima funzionalità.

ISOLAMENTO TERMICO

Questo al contrario del precedente è probabilmente il più ovvio: il grasso interviene nei processi di termoregolazione fungendo da isolante in grado di proteggere il nostro organismo dalle basse temperature, isolandoci proprio come un "cappotto". La foca è il miglior esempio di questa funzione!...

MODELLAMENTO DELLE FORME

Magari potrà sembrare scontato oppure superfluo, ma anche l'occhio vuole la sua parte!

i lipidi regolano il deposito di grasso in specifiche aree del corpo, e ci donano la forma e sinuosità che ci contraddistingue (evitiamo volontariamente di entrare nel merito del canone di bellezza che la società impone in termini di "forme" poiché è semplice verificare quanto questo aspetto sia estremamente soggettivo).

TIPOLOGIE DI GRASSO

Nel capitolo precedente abbiamo fatto una carrellata di funzioni dei grassi, senza alcun accenno alla loro tipologia. Ne esistono anche in questo caso diverse forme, alcune estremamente utili e salutari e altre... un po' meno.

Figura 16 - suddivisione dei grassi

Li possiamo dividere sommariamente in saturi e insaturi. I primi, a temperatura e pressione ambiente hanno una forma solida (oppure semi solida, come il burro); i secondi sono essenzialmente liquidi (come gli olii) seppur con le dovute eccezioni.

Il loro nome è già di per sé indicazione della loro funzione: pensiamo a quando ci sentiamo "saturi"; cosa non siamo più in grado di fare? Siamo saturi di una situazione, di un comportamento, di una persona ecc. In pratica non possiamo più ricevere stimoli o informazioni da quella fonte. I grassi saturi sono chiamati così per lo stesso motivo: hanno tutti i legami già occupati, e di fatto, non sono più capaci di legarsi ad altre sostanze.

I grassi insaturi, al contrario, hanno dei legami liberi e sono ancora perfettamente capaci di agire in qualche modo (non ci interessa scendere oltre nel tecnico).

Per riassumere quindi ipotizziamo di assumere 10g di grassi: entrambi apportano il contributo calorico tipico dei grassi, ma nel caso dei saturi queste molecole saranno inerti per il nostro metabolismo, mentre nel caso degli insaturi essi contribuiranno a svolgere funzioni (spesso vitali) nel nostro organismo.

La differenza quindi non è poca!

DOVE TROVIAMO I GRASSI SATURI E INSATURI?

FONTE DI GRASSI SATURI	FONTE DI GRASSI INSATURI
Carni grasse	Carni bianche (senza pelle)
Insaccati	Pesce
Fritture di ogni tipo	Verdura
Burro - Strutto	Frutta (a basso Ind. Glicem.)
Margarine	Oli vegetali crudi
Grassi idrogenati	(oliva, soia, zucca etc)
Latte intero - Panna	Olio di pesce
Formaggi grassi	Yogurt scremato
Frattaglie - Uova	Pane e pasta integrale
Cibo ad alto Ind. Glicemico	Cereali integrali
	Frutta a guscio

Figura 17 - le fonti di grasso

La cultura media di oggi ci porta ad avere già una conoscenza tale da individuare "a senso" che i cibi della colonna di destra fanno "meno male" di quelli della colonna di sinistra, seppur forse con una eccezione: troviamo a destra la voce "frutta (a basso indice glicemico)" e a sinistra "cibo ad alto indice glicemico". L'argomento dell'indice glicemico è esattamente quello affrontato nel capitolo degli zuccheri, ovvero tutto quanto ruota attorno all'esempio dell'acqua, della diga, e della serpentina calda che trasforma l'acqua in vapore. Quel vapore, di fatto, è grasso. E a questo punto è utile sviluppare senso critico: abbiamo detto che esiste grasso nella forma "solida" e quello nella forma "liquida" (nel paragrafo precedente). Domandiamoci: che tipo di grasso produce il mio corpo per stivarlo come riserva? Sono forse bolle d'olio? Purtroppo no... quindi per esclusione sarà proprio grasso saturo. E con questo semplice passaggio abbiamo appena legato il grasso saturo (quello nocivo) allo zucchero. Viene allora da domandarsi: ma se per caso un cibo qualsiasi al supermercato fosse pubblicizzato come "senza grassi" ma al contempo avesse un alto contenuto di zuccheri?... si! Siamo autorizzati a sviluppare indignazione, a sentirci presi in giro e truffati moralmente. Ma non anticipiamo oltre poiché tutti questi "scherzetti" saranno trattati ampiamente nel capitolo delle truffe alimentari...

ACCUMULO DI GRASSO

Ciascuno di noi è un essere umano unico e come tale ha le sue distintive caratteristiche peculiari. Questa affermazione vale anche per quanto riguarda le zone adibite a "stivare energia" sotto forma di grasso. In linea di massima, si possono raggruppare in sei le modalità di stivaggio, tre per gli uomini e tre per le donne (come vediamo nella figura qui sotto)

Ma che cavolo stiamo mangiando?

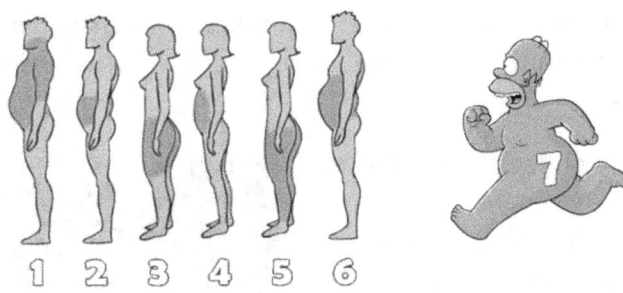

Figura 18 - tipologie di accumulo di grassi

La zona più scura è quella in cui il nostro organismo accumula maggiormente i "sacchetti di deposito" dei grassi, che poi vengono riempiti o svuotati secondo necessità. La produzione di cellule aventi tali funzione è tipicamente attiva fino ai 14-15 anni (con tutte le eccezioni del caso). Pertanto è ragionevole pensare che lo stile di vita condotto durante l'infanzia e fino all'adolescenza condizioni notevolmente la predisposizione ad accumulare o meno i grassi nei decenni successivi. Quello che stiamo notando è che mentre la letteratura contempla i sei casi, nella pratica assistiamo alla presenza "anomala" del caso numero 7, ovvero della somma di più tipologie precedenti assieme! Che cosa comporta? In teoria niente, poiché a prescindere dalla nostra tipologia, saremo sempre in grado di scegliere se riempire o meno quei sacchetti (sebbene è utile sapere che più sacchetti abbiamo, e più facilmente tendiamo a riempirli…). Piuttosto è un'osservazione che punta il dito sulle abitudini che ai giorni nostri diamo ai bambini, sui cibi che noi adulti proponiamo loro nel quotidiano, e sui valori che gli trasmettiamo… tutti fattori che a mio avviso generano adulti di tipo sette!

A chiusura del paragrafo vale la pena guardare questa intervista delle Iene al dott. Filippo Ongaro, il quale ci svela un funzionamento metabolico che sta alla base dello stimolo di "trattenere grassi". Siamo animali antichi, pensati per vivere e sopravvivere nella natura più selvaggia e ostile.

Abbiamo sistemi di difesa incredibili in grado di farci superare carestie e situazioni difficili ma… come si comportano certi sistemi nella società di oggi? Certi meccanismi si stanno adattando, ma altri ci stanno tornando indietro come un boomerang…

LINK VIDEO:
https://www.youtube.com/watch?v=bGivnVpssFg
(TIME: tutto il video)

IL COLESTEROLO

Tra i tanti tipi di grasso, vale la pena soffermarsi su uno in particolare: il colesterolo. Oggi sempre più persone, perfino giovani, si ritrovano ad avere valori alti di questo parametro nel sangue.

Ma ci siamo mai domandati che cosa sia?

Il nostro corpo ha talmente tanto bisogno del colesterolo che se ne produce "in casa" circa due terzi del totale (ovvero: solo un terzo, circa, viene introdotto con l'alimentazione).

Come tutto ciò che il nostro corpo si produce con tanta cura, anche il colesterolo ha un ruolo chiave: andando a sistemarsi nella superficie interna delle nostre cellule, dona loro elasticità e forza, assicurandone allo stesso tempo la protezione dalle aggressioni esterne. Possiamo quasi dire che il colesterolo ci consente di non strappare i tessuti ad ogni movimento (cosa che invece diamo sempre per scontata!). E come se non bastasse, il colesterolo viene trasformato dai raggi del sole (se riusciamo ad esporci ovviamente) in una particolare forma di vitamina D... quindi assume ancora un ruolo molto importante. Ma allora perché siamo tutti spaventati dal colesterolo alto?

Il fegato, organo preposto alla produzione di questo grasso, non si occupa certo di trasportarlo e farlo giungere nei luoghi più disparati e periferici del corpo. Esso si limita a sfornarlo di continuo. Ciò che trasporta il colesterolo in giro sono due proteine grasse, le HDL e LDL (sono due acronimi che significano High Density Lipoprotein e Low Density Lipoprotein, ovvero Lipoproteine ad alta, o bassa, densità). Se guardiamo i valori delle analisi del sangue troveremo proprio questi due acronimi. Sentiamo infatti dire che il primo è il "colesterolo buono" e l'altro il "colesterolo cattivo". Senza entrare in polemiche poco costruttive come i valori ritenuti sani, o la presunta inefficacia del controllo di tali parametri, cerchiamo di capire una volta per tutte che funzione hanno le HDL e le LDL.

Immaginiamo, attraverso un esempio semplificato, che il fegato sia una fabbrica e che produca, appunto, colesterolo. Le LDL rappresentano in questo caso i corrieri che si occupano della distribuzione a livello nazionale dei pacchetti di questo prezioso grasso. Tale corriere però è dotato di camioncini aperti, sui quali carica una quantità di sacchetti proporzionata alla produzione: più ne vengono prodotti, e più ciascun furgoncino ne dovrà caricare per evitare le giacenze in magazzino.

La strada che questi furgoncini percorrono, però, non possiamo immaginarla tutta liscia ed asfaltata, ma ogni tanto (come capita nella realtà), troviamo qualche buca, più o meno profonda. Durante il transito sui tratti più dissestati potrebbe accadere che qualche sacchetto salti fuori dal furgone finendo per strada. Qui entrano in gioco le HDL che, da brave imprese di pulizia della strada, se ne vanno in giro tutto il giorno con i loro furgoncini vuoti a raccogliere i sacchetti caduti dai furgoni delle LDL.

Ora che abbiamo chiarito i ruoli, capiremo più facilmente che una alta quantità di furgoncini "pulitori" compensano l'eventuale sovraccarico di lavoro dei corrieri di colesterolo (da qui il nome di colesterolo buono e cattivo, sebbene entrambi svolgano solamente la loro funzione, senza voler danneggiarci in alcun modo).

Ci sarebbe inoltre da menzionare gli studi del dott. Fabio Cerboni, il quale avrebbe perfino una teoria (a mio avviso molto solida) riguardo i sacchetti di colesterolo che cadono dalle LDL: abbiamo visto che se il furgoncino sobbalza, è per via di una lesione nella strada. E sappiamo anche che i sacchetti caduti finiscono proprio per incastrarsi in queste lesioni (che accumulandosi formano placche aterosclerotiche che ostruendo il vaso sanguigno possono fare parecchi danni). Ebbene, secondo il dott. Cerboni questi sacchetti, cadendo, avrebbero la funzione di sigillare le buche per evitare che si aggravino. Sarebbero una sorta di silicone che protegge la strada ai primi segni di fessurazione! Ecco che allora il focus si sposterebbe non tanto sull'assumere sostanze chimiche che riducono la produzione di colesterolo, ma piuttosto sul riequilibrare un "sistema metabolico" alterato che non è in grado di interrompere la riparazione della strada. Tale risoluzione è strettamente legata all'alimentazione quotidiana... ma che strano...!

OMEGA 3

Tra i nutrienti che maggiormente riequilibrano il nostro apparato circolatorio spiccano senza dubbio gli acidi grassi Omega 3. Ci basti pensare che un esquimese intorno ai 60 anni può vantare un'efficienza cardiovascolare pari a quella di un ventenne mediterraneo, e questo grazie all'altissima presenza dei già citati omega 3 nella sua dieta (gli alimenti più ricchi di questo prezioso grasso sono l'olio di fegato di merluzzo, il salmone selvaggio e in genere il pesce grasso o azzurro)

Altri preziosi consigli sull'argomento Omega 3 ce li può fornire ancora il dott. Filippo Ongaro:

LINK VIDEO:
https://www.youtube.com/watch?v=E8P8UsT0B2I

Ma che cavolo stiamo mangiando?

(TIME: tutto il video)

Ai giorni d'oggi la medicina ha già stabilito ufficialmente che assumendo almeno un grammo di olio di pesce al giorno contribuiamo al normale funzionamento della funzione cardiaca, visiva e celebrale. Aumentando a quattro i grammi andiamo a mantenere equilibrato il livello di trigliceridi, e con cinque grammi normalizziamo la pressione sanguigna.

Nel quotidiano questa ricerca si traduce nell'utilizzo di alimenti specifici ormai di semplice reperibilità, come l'olio di canapa, i semi di lino ecc. Introdurli nella dieta giornaliera può soltanto migliorare il nostro stato di salute.

Vediamo qualche altro cibo tra i più comuni che contengono i preziosi acidi grassi omega 3:

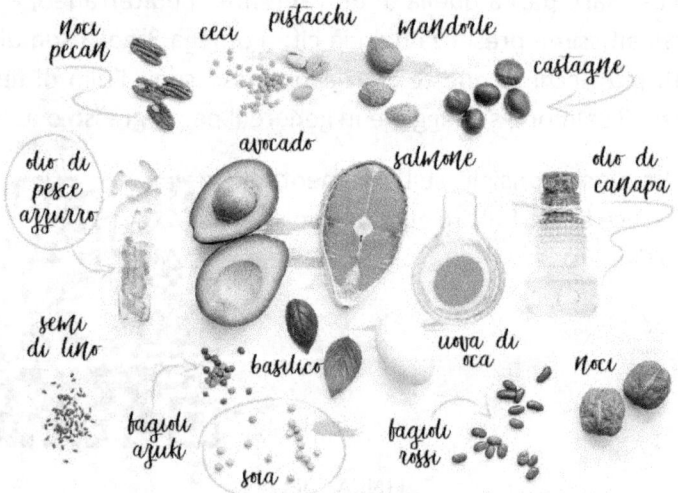

Figura 19 - fonti di omega 3

CAPITOLO 8.   DIGESTIONE

Facciamo ora un breve accenno al processo digestivo: esso viene spesso dato per scontato ma rappresenta decisamente uno dei momenti più importanti della nostra nutrizione. È infatti in questa fase che il nostro corpo "smonta" il cibo negli elementi di base da utilizzare in tutte le sue funzioni.

Vediamo un video di OVO molto esaustivo sull'argomento:

LINK VIDEO
http://www.ovovideo.com/apparato-digerente/

(TIME: tutto il video)

Molto interessante, al di là della spiegazione, il fatto che ci sia una sorta di sistema di "recupero delle acque" a fine processo (ricordate il video della National Geographic, quando dice che "un altro mezzo litro viene riassorbito durante la digestione?... beh ecco dove accade!").

Fa riflettere anche il concetto che l'intestino sia una sorta di "secondo cervello". Forse potremmo dire che in alcuni casi è addirittura il primo...

Ma che cavolo stiamo mangiando?

Ma torniamo sull'argomento: le fasi della digestione hanno tempistiche diverse in funzione della tipologia di cibo che inghiottiamo. Guardiamo come varia, anche di molto, la digestione di alcuni cibi:

1-2 ore	
Acqua gassata	g 220
Acqua pura	g 100-200
Birra	g 200
Brodo di carne	g 200
Cacao	g 200
Caffè	g 200
Latte cotto	g 100-200
Tè	g 200
Uova alla coque	g 100
Vino leggero	g 200

2-3 ore	
Acqua e birra	g 300-500
Asparagi bolliti	g 150
Biscotti	g 70
Cacao con latte	g 200
Caffè con panna	g 200
Carpa in umido	g 200
Cavolfiore bollito	g 150
Cervella in bianco	g 250
Ciliegie crude	g 150
Ciliegie cotte	g 150
Latte cotto	g 300-500
Merluzzo o luccio	g 200
Pane fresco o raffermo	g 70
Patate in purè	g 150
Salsiccia di bue	g 100
Uova crude o sode o strapazzate	g 100

Figura 20 - tempi medi di digestione sotto le 3 ore

3-4 ore	
Bistecca arrosto	g 100
Bistecca cruda	g 100
Carne di bue magra	g 250
Carote sbollentate	g 150
Cavolo rapa	g 150
Insalata di cetrioli	g 150
Insalata di patate	g 150
Mele	g 150
Pane bianco	g 150
Pane nero	g 150
Pollo bollito	g 230
Prosciutto	g 160
Radicchio crudo	g 150
Riso all'acqua	g 150
Spinaci sbollentati	g 150
Vitello arrosto	g 100

4-5 ore	
Anatra arrosto	g 280
Aringa salata	g 200
Bistecca arrosto	g 250
Capriolo arrosto	g 240
Carne affumicata	g 100
Fagiolini sbollentati	g 150
Filetto di bue arrosto	g 250
Lepre arrosto	g 250
Lingua di vitello affumicata	g 250
Pane arrostito	g 210
Piselli in purè	g 200

Figura 21 - tempi medi di digestione oltre le 3 ore

Ammetto che rimasi molto sorpreso leggendo questi valori. Specialmente quando ti accorgi che un uovo alla coque lo digeriamo meglio dell'uovo crudo o strapazzato, e che ci vuole più tempo a digerire due etti di piselli in purè (o di pane arrostito) piuttosto che due etti di pollo lesso...

Ma forse, più interessante dei tempi di digestione, sono i tempi di sazietà, ovvero quel periodo durante il quale siamo refrattari al cibo, o quasi...

Vediamo allora come i carboidrati raffinati, nonostante il picco energetico elevato, ci riconsegnino al senso di fame dopo una manciata di minuti, mentre si aggira tra la mezz'ora e l'ora tutto ciò che è a base di carboidrati complessi, come pasta, pizza pane ecc...

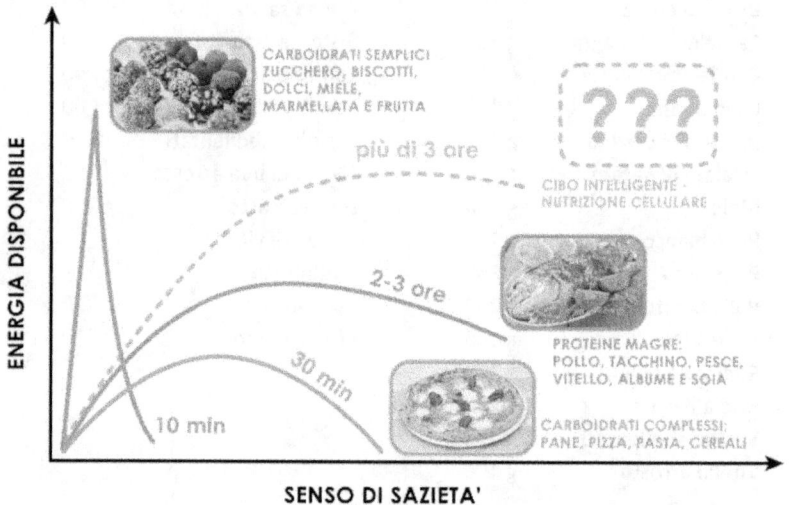

Figura 22 - senso di sazietà e sensazione di energia

Discorso diverso per le proteine le quali, fornendo anche una buona quantità di energia nel tempo mantengono sazio il nostro appetito anche fino a tre ore...

È sufficiente incrociare alcuni dati di questo ultimo grafico con la tabella precedente per notare che il senso di sazietà NON è legato al tempo di digestione: ad esempio il pane arrostito si digerisce in 4 ore ma ci sazia solo per trenta minuti / un'ora...

CAPITOLO 9. METABOLISMO

Abbiamo definito il metabolismo in relazione al nostro sentirci in forma ed attivi, poiché in effetti con tale nome si riassumono tutti i processi che implicano al contempo **produzione, accumulo e consumo di energia**. Causare il rallentamento di questi processi comporta la percezione di stanchezza, debolezza, frustrazione e svogliatezza. Un metabolismo basso emette segnali che ci spingono a vivere in "risparmio energetico". Poter al contrario disporre appieno del nostro potenziale ci mette in condizioni opposte di forza e voglia di fare...

Ascoltiamo meglio il dott. Filippo Ongaro ospite in una nota trasmissione TV che ci introduce al concetto di metabolismo basale:

LINK VIDEO
https://www.youtube.com/embed/lT9-WcjF9E8?start=15&end=80
(TIME: da INIZIO a 01:20)

l'insieme delle attività metaboliche che ci tengono in vita sono definite "metabolismo basale". Esse rappresentano simbolicamente la fiamma che brucia dentro di noi. Più questo fuoco è potente, maggiore è l'energia a nostra disposizione. Il metabolismo infatti si divide in due tipologie nettamente distinte:

Ma che cavolo stiamo mangiando?

CATABOLISMO	ANABOLISMO

(attivo in ore diurne)	(attivo in ore notturne)
L'insieme dei processi che usa i nutrienti per produrre l'energia necessaria ai nostri organi e ai nostri muscoli	L'insieme dei processi che usa i nutrienti per accrescere, riparare e mantenere l'organismo efficiente e in buona salute

Figura 23 - tipologie di metabolismo

Ascoltando dunque i consigli del dott. Ongaro, cerchiamo di focalizzare la nostra attenzione nel massimizzare le attività metaboliche, piuttosto che spendere ore e ore in attività fisiche al solo scopo di "punirci facendo fatica".

COME MASSIMIZZARE GLI EFFETTI CATABOLICI

Questa tipologia di metabolismo è influenzata maggiormente dall'attività diurna della muscolatura e dalla tipologia di cibo che scegliamo.

Può essere molto utile quindi indirizzare i nostri sforzi sugli esercizi fisici che puntano all'accrescimento della massa muscolare, supportando ed adeguando l'apporto di nutrienti (in primis quello proteico, come accennato nel capitolo sulle proteine) così da favorirne l'accrescimento e proteggere il corpo dallo stress ossidativo (argomento trattato nel capitolo sui grassi).

Questo tipo di approccio produce effetti molto interessanti poiché è riconosciuto che due esseri umani di pari peso e pari altezza, pur ottenendo il medesimo punteggio di BMI, possono avere due efficienze metaboliche altamente differenti:

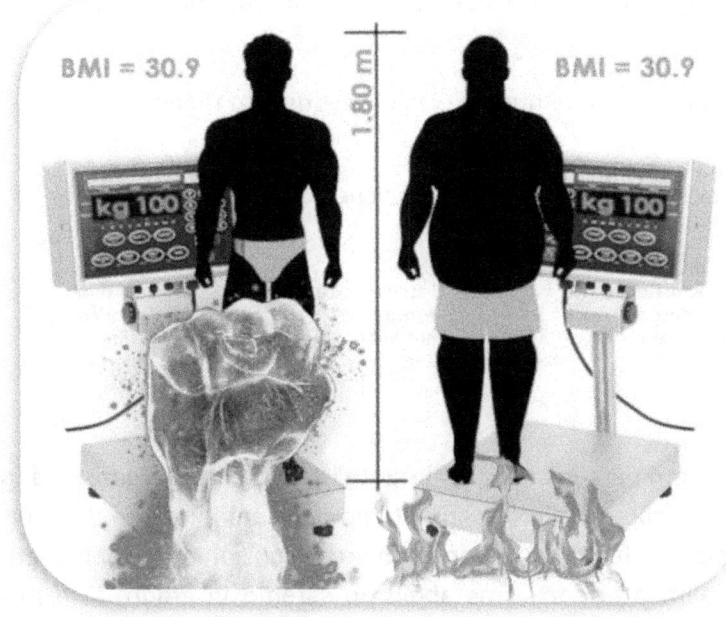

Figura 24 - a sinistra esempio di efficienza energetica. A destra esempio di risparmio energetico

Un corpo costituito essenzialmente di muscolatura e avente una percentuale di grasso ridotta rappresenta il massimo dell'efficienza metabolica, ottenendo un'alta resa energetica. Al contrario se la percentuale di massa grassa è alta, essendo massa "energeticamente inerte", il metabolismo si ritrova una "fucina" in grado di bruciare e quindi produrre pochissima energia per il corpo.

Quel che ci interessa capire e ricordare negli anni è che l'attività sportiva ha un ruolo ben preciso: "costruire e modellare la struttura muscolare"; attribuendo all'attività fisica il ruolo di "brucia calorie" potremmo commettere un errore che finirebbe col ritorcersi contro di noi...

Riassumiamo quindi questo concetto in questo modo:

ATTIVITA' FISICA	ALIMENTAZIONE	METABOLISMO EFFICIENTE
• Stimola la muscolatura e la induce ad accrescere	• Supporta l'attività fisica e fornisce i nutrienti necessari	• Maggior consumo calorico ed efficienza energetica

Ovviamente percepiamo che durante l'attività fisica si consumano più calorie, ed altrettanto ovviamente percepiamo più fame dopo un'ora di sessione intensa. Ma avendo chiare le funzioni principali di attività fisica, alimentazione e metabolismo saremo in grado di gestirle al meglio.

Abbiamo detto che la funzione principale dell'attività fisica è stimolare la muscolatura, e non tanto consumare energie, sebbene l'una sia collegata all'altra. Nello stesso modo l'alimentazione ha lo scopo di nutrire l'organismo, ma, sorpresa delle sorprese, può farci anch'essa consumare una significativa quantità di energia...

Andiamo quindi a schematizzare le funzioni secondarie delle stesse attività e a cosa possono condurre:

Ma che cavolo stiamo mangiando?

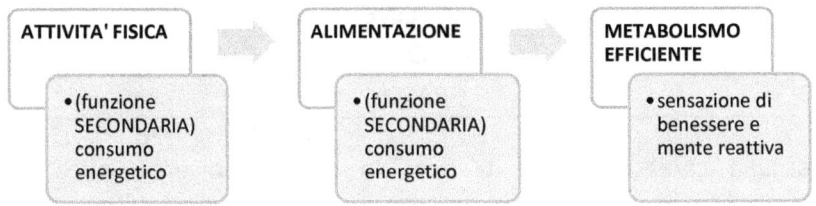

ATTIVITA' FISICA	ALIMENTAZIONE	METABOLISMO EFFICIENTE
• (funzione SECONDARIA) consumo energetico	• (funzione SECONDARIA) consumo energetico	• sensazione di benessere e mente reattiva

Come abbiamo visto, il consumo energetico durante l'attività fisica è decisamente evidente, tanto più che in genere lo si scambia per la funzione principale.

Il dispendio energetico che si genera con l'alimentazione è al contrario completamente occulto, salvo rari casi che comunque citeremo, e necessita di un debito approfondimento:

i processi di termogenesi e di digestione sono due tra i più dispendiosi che il nostro organismo si ritrova ad affrontare. Il Dr. Ongaro ci ricorda che il metabolismo basale consuma circa il 70% delle calorie utilizzate in un giorno. Andiamo a vedere come funziona con un esempio:

immaginiamo che la moneta di scambio all'interno del nostro corpo sia l'energia e che per poter svolgere un determinato processo metabolico occorre pagare l'organo o la ghiandola preposta a quello scopo (come nel quotidiano paghiamo in denaro professionisti affinché svolgano le loro attività per noi). Ebbene, in base alla tipologia di cibo che introduciamo nel nostro corpo andremo ad impattare con più o meno richieste energetiche sul nostro organismo, con risultati davvero differenti. Dividendo il cibo in quattro categorie precise, possiamo distinguere quattro comportamenti differenti:

CATEGORIE
CARBOIDRATI

Ma che cavolo stiamo mangiando?

PROTEINE
ALCOOL
GRASSI

Ciascuna categoria viene trattata in maniera diversa, oltre ad apportare essa stessa quantitativi differenti di energia:

APPORTO CALORICO PER GRAMMO	
Carboidrati	4 kCal / grammo
Proteine	4 kCal / grammo
Alcool	7 kCal / grammo
Grassi	9 kCal / grammo

A causa della loro struttura differente, il sistema digestivo troverà più o meno difficoltà nell'elaborarle, e di conseguenza consumerà più o meno energia, stimabile nei seguenti valori:

DISPENDIO ENERGETICO PERCENTUALE	
Carboidrati	10%
Proteine	35%
Alcool	30%
Grassi	5%

Traducendo questi numeri in un esempio pratico, quindi, per ogni 100g di carboidrati che assumiamo, introduciamo 400 kCal, e il 10% lo consumiamo per metabolizzarli, ovvero 40 kCal; le restanti 360 kCal rimangono a disposizione e se non usate vengono messe da parte... (sotto forma di grasso come visto nel prossimo capitolo dedicato)

Gli effetti sul metabolismo e sulla quantità di energia di accumulo saranno poi così tanto differenti tra le quattro categorie di cibo,

Ma che cavolo stiamo mangiando?

oppure possiamo trascurarli? Mettiamo a confronto i casi, ipotizzando di assumere 100g di ogni categoria, e valutiamo quanto ne viene usato e quanto ne resta da stivare in grasso...

CALCOLO ENERGIA DI ACCUMULO ogni 100g assunti			
	kCal		
Categoria	INTRODOTTE	SPESE	ACCUMULATE
Carboidrati	400	40	360
Proteine	400	140	260
Alcool	700	210	490
Grassi	900	45	855

Proviamo a leggere questi dati e tradurli in qualcosa di più concreto: abbiamo visto cosa succede con 100g di carboidrati. Confrontiamoli con 100g di grasso... vengono apportate più del doppio delle calorie (400 contro 900), ed oltretutto il sistema metabolico ne deve spendere solo il 5% (quindi in questo caso 45 kCal) facendoci accumulare circa 855 kCal di grasso, rallentando quindi la macchina metabolica.

Introducendo 100g di proteine invece, l'apporto calorico è simile a quello dei carboidrati (400 kCal) ma, costringendo l'organismo ad un lavoro più complesso (35% delle calorie utilizzate nel processo di metabolizzazione), la spesa energetica sarà superiore col risultato di accumulare solo 260 kCal.

L'alcool è quello che a parità di quantità introdotte produce l'effetto di consumo immediato maggiore (pensiamo a quanto può "scaldare" un bicchierino di grappa in alta montagna, specialmente quando fa freddo... e il motivo è proprio quel valore di 210 kCal per 100g: l'alcool ha la resa maggiore). Purtroppo introduciamo anche tante calorie totali, e il risultato di accumulo non è confortante...

Ma che cavolo stiamo mangiando?

Con questi esempi abbiamo compreso che ciascun tipo di nutriente ha degli effetti sul metabolismo differenti, e in alcuni casi davvero interessanti (per esempio quello delle proteine). Ci sarà utile, da ora in avanti, tenere a mente questa caratteristica, e ricordarci quindi di inserire sempre una buona quantità di proteine ad ogni pasto o spuntino per tenere sempre attivo il nostro metabolismo!

CI SONO ALTRI STIMOLATORI DEL METABOLISMO?

Certamente sì, ciascun cibo è differente e il paragrafo precedente riassume il funzionamento a grandi linee. In ogni caso il metabolismo è una macchina complessa, e sono tanti gli aspetti che possono essere sollecitati. Citiamo quindi una lista puramente indicativa di una serie di cibi che stimola qualche aspetto del metabolismo:

thè verde, mele, sedano, aglio, limone, mango, cipolla, papaia, cavolo, lattuga, avocado, carote, bacche e frutti di bosco, arance, spinaci, rape, broccoli, pomodori, zucchine, asparagi, cocomero, ananas, pompelmo, cavolfiore, verdure a foglia verde

in questo caso non ci soffermiamo in commenti su questi cibi ma, in caso di curiosità, potremo approfondire l'argomento una volta completato e compreso questo libro: avremo a quel punto strumenti utili per comprendere meglio le informazioni che troveremo online.

COSA RALLENTA IL METABOLISMO?

Come potremo immaginare, se esistono cibi che stimolano il metabolismo, esisteranno anche quelli che lo rallentano. Essi sono quelli che a parità di introduzione hanno un maggior accumulo energetico e quindi di grasso, ma nel complesso esistono questi fattori che incidono sul rallentamento metabolico:

Ma che cavolo stiamo mangiando?

1) LA CATTIVA NUTRIZIONE
   Bevande ad alto contenuto di zuccheri, snack e cibi pronti, cibi super raffinati e ad alto contenuto di grassi;

2) IL CATTIVO RIPOSO
   Se il nostro corpo è stanco e esaurito non potrà essere efficiente, miglioriamo la sua efficienza migliorando la qualità del sonno;

3) LO STRESS
   Lo stress aumenta la produzione del cortisolo nel nostro corpo che favorisce l'aumento di peso: rilassiamoci e liberiamo le energie che sono in noi;

4) L'INTOSSICAZIONE
   L'accumulo di tossine nel corpo rallenta il nostro metabolismo perché l'organismo ogni giorno deve fare del lavoro extra per eliminare tutte queste sostanze inutili e dannose;

5) LE DIETE
   Le diete IPOCALORICHE affamano il nostro corpo e il metabolismo rallenta per impedirci di consumare troppe calorie; ogni volta che mangiamo qualcosa il nostro corpo "fa scorte" di grasso innescando un meccanismo di sopravvivenza: le diete possono funzionare a breve termine, tuttavia per mantenere un fisico sano e snello a lungo termine è necessario migliorare le nostre abitudini alimentari.

CAPITOLO 10.   IL SALE

Tra i tanti insaporitori che utilizziamo, il sale è senza dubbio il più conosciuto ed utilizzato (*"come sa di sale lo pane altrui"* recitava Dante nella sua Divina Commedia...)

Eppure, nonostante se ne faccia uso costante ed abbondante, anche il sale è uno degli elementi che occorre dosare con consapevolezza nell'arco delle 24 ore.

L'aspetto più utile non è tanto il ridurre il sale che aggiungiamo consapevolmente al cibo, quanto accorgersi della mole di sale che assumiamo senza neppure sospettarlo.

A tal proposito il dott. Filippo Ongaro ci parla esattamente di questo aspetto:

LINK VIDEO
https://youtu.be/Vva5kKTuwCM
(TIME: tutto il video)

Ricordiamoci che il ministero prevede che i medici consiglino sale iodato, proprio come indicato dall'alto dalla Organizzazione Mondiale della Sanità (OMS). A breve vedremo che possiamo fare di meglio...

Ma che cavolo stiamo mangiando?

Quel che ci interessa integrare alle informazioni preziose ottenute dal video è il limite sulla quantità di sale che non dovremmo mai superare giornalmente. Questo valore è tarato non tanto sul sale quanto sul SODIO, precisamente nella misura di 2,4g al giorno. L'indicazione dei 5g di sale giornalieri deriva da un semplice calcolo sulla composizione chimica del sale stesso (cloruro di sodio): assumere 5g di sale da cucina equivale precisamente ad assumere 2,4g di sodio (e 2,6g di cloro, per differenza).

Rimane evidente che nella pratica comune è molto più semplice ragionare in termini di sale piuttosto che di sodio, per evitare noiose moltiplicazioni e divisioni con la calcolatrice. L'importante è sapere che sono due cose diverse e comprendere che esistono quindi due valori limiti diversi, perché sulle confezioni talvolta troviamo l'indicazione del sale, talvolta del sodio (e in tal caso i calcoli vanno fatti... non abbiamo scampo) quindi è una conoscenza che è utile possedere.

Il nostro è un percorso verso la consapevolezza, un modo per svegliarci di fronte alla quotidiana sonnolenza in cui siamo immersi. È quanto mai evidente che non possiamo diventare folli calcolatori alla continua contabilizzazione del sale o del sodio poiché diverremmo maniaci. Quel che possiamo fare invece è "conoscere" i nostri nemici. Per esempio, abbiamo una idea, seppur vaga, di come siano fatti 5g di sale (che ricordo essere il massimo giornaliero)?

Quando mettiamo il sale sulla carne o nell'insalata, quanto ne stiamo mettendo? E nel brodo quanto ne abbiamo messo?

In questo caso possiamo ingegnarci per risolvere questi piccoli dubbi: se ci capita di andare in qualche ristorante self service potremmo imbatterci in bustine singole di sale, le quali indicano la quantità di sale contenuta (in genere un grammo); proviamo a prenderne cinque e ad aprirle su un piattino... avremmo finalmente visto in faccia i famosi cinque grammi di sale! E probabilmente il risultato non ci piacerà perché sarà molto meno di quel che immaginavamo...

In alternativa, la prossima volta che entriamo in uno di quei mega store asiatici prestiamo attenzione alle bilance elettroniche di piccolo taglio: costano pochi euro (in genere cinque) e sono abbastanza sensibili fino al centesimo di grammo; per pesare 5g sono perfette.

Questo tipo di esperimenti ci consente di smuovere la nostra coscienza iniziando a nutrirla con informazioni "insolite", e i risultati ci potrebbero sorprendere: curiosità e voglia di novità pian piano avranno sempre più spazio nella nostra giornata. Un vero e proprio traguardo!

Ma torniamo al sale: dicevamo che il sale iodato non è esattamente il massimo per il nostro organismo... in effetti Amos Boilini descrive bene questo argomento sul suo video molto divertente:

LINK VIDEO:
https://www.youtube.com/watch?v=NsMFpOSt0l8
(TIME: tutto il video)

è sempre piacevole guardare i suoi video!

Sostituire il sale bianco col sale integrale è forse uno dei passi più semplici da compiere, e senza dubbio meno traumatico. Buttare via tutto il cloruro di sodio che abbiamo in cucina e riacquistare sale integrale comporta una spesa di un paio di euro ma contribuisce ad innescare quei processi mentali di cui parlavamo poco fa.

ECCESSI DI SALE

Quali sono le complicazioni da eccesso di sale?

Qualcosa ha accennato il dott. Ongaro nel video a inizio capitolo, ma riassumiamoli meglio tutti insieme:

Polmonite	Invecchiamento precoce della pelle
Sordità	Infiammazioni e gonfiori delle ghiandole
Cirrosi epatica	
Itterizia	
Insonnia	Cattiva digestione
Mal di testa	Stitichezza
Artrite	Stress
Epilessia	Nefrite
Cancro allo stomaco	Sinusite

(fonte: https://scienzanewthought.wordpress.com/2012/01/11/tutti-i-danni-del-sale-da-cucina-per-la-nostra-salute)

Alcuni di questi sono davvero impensabili, eppure ormai dimostrati anche dalla scienza moderna. Altre invece le sperimentiamo quotidianamente eppure le ignoriamo (mai avuto sonno difficile dopo una cena al ristorante? Se in quel momento ripensassimo a quanto sale era presente nel cibo probabilmente assolveremmo tanti peperoni, spesso considerati colpevoli seppur innocenti, a meno che non siano pieni di sale...)

Ma sono solo queste le complicazioni da eccesso di sale? Quelli della tabella sono sintomi da eccesso cronico di sale che difficilmente però qualche medico ricollegherà alla sostanza granulare e saporita che ci piace tanto...

Ma senza scomodare complicanze così gravi, andiamo al sodo: il corpo immagazzina, anche velocemente, acqua nel corpo per contrastare gli eccessi di sale, sotto forma della tanto temuta "ritenzione idrica". Gli studi esistenti ci mettono in guardia e ci dicono che un corpo umano può immagazzinare fino a 8 kg di peso in acqua con questo sistema! E come nei capitoli precedenti, cerchiamo di visualizzare questi otto chili per aiutare la memoria a lungo termine: sappiamo che un litro di acqua pesa con buona approssimazione un chilo. Quindi come saranno mai 8 litri di acqua? Più o meno sono 5 bottiglie...

Ora che li abbiamo visualizzati chiediamoci: quale persona ragionevole si terrebbe addosso anche solo tre bottiglie di acqua piene senza un motivo? (proviamo per capire di cosa si tratta...) Quanta fatica facciamo inutilmente per colpa di questa acqua ben nascosta e distribuita omogeneamente nel nostro corpo? Per scoprirlo ci basterà provare a controllare l'apporto di sale per qualche giorno e rientrare (abbondantemente) nei limiti: i risultati possono essere sorprendenti!

CAPITOLO 11. RIASSUNTO DELLA PARTE TEORICA

Prima di addentrarci nella parte "pratica" del libro, riassumiamo sinteticamente gli aspetti della teoria che abbiamo affrontato:

I carboidrati sono i nutrienti che forniscono la quantità più alta di energia al nostro corpo. Si dividono in semplici (chiamati zuccheri) e complessi. I primi hanno un indice glicemico alto, i secondi più basso.

Tutti i cibi sono caratterizzati da un indice glicemico che ne descrive la velocità con cui lo zucchero in esso contenuto entra nel sangue. Maggiore è l'indice (da 1 a 100) maggiore è la velocità. Ogni volta che nel sangue viene superato il valore di zucchero normale (abbiamo introdotto più zucchero di quanto ne stiamo consumando) viene prodotta insulina che converte questi eccessi in grassi per utilizzarli in seguito.

Pane, pasta, riso e farine, quando sono nella versione bianca, hanno tutti indice glicemico alto o molto alto.

Impariamo ad evitare le calorie vuote perché molto dannose per la qualità della nostra vita. Esse sono quelle che apportano energia senza fornire micronutrienti.

Abbiamo visto che è opportuno aumentare ad almeno 2 litri di acqua al giorno, e quali sono le conseguenze di non averne abbastanza a disposizione. In molti casi, per esempio, un bicchiere d'acqua potrebbe avere lo stesso effetto rigenerante di un caffè.

Esistono poi le fibre, carboidrati non digeribili che ci aiutano moltissimo nella fase di digestione: assorbono grassi e zuccheri in eccesso, tengono pulito l'intestino e alcune sono perfino cibo per la nostra flora batterica intestinale.

Si dividono in solubili e insolubili: le prime formano una specie di gelatina fermentando in acqua, le seconde formano una spugna che passando pulisce le pareti intestinali.

Abbiamo visto che la digestione è il momento più importante della nostra nutrizione perché è la fase in cui il cibo viene scisso in elementi semplici assimilabili. Senza questo passaggio gli alimenti passerebbero inosservati attraverso di noi e, seppur mangiando, ci consumeremmo per fame...

I tempi della digestione sono variabili e spesso non percepibili: sono per lo più svincolati dalla sensazione di fame che possiamo provare, o dall'energia che ci fornisce il pasto.

Le proteine sono i mattoncini del nostro organismo: con questo macronutriente costruiamo o ripariamo la maggior parte dei tessuti e organi, oltre a tante altre funzioni apparentemente scollegate.

Esse sono combinazioni diverse di 21 aminoacidi che si dividono in 9 essenziali e 12 non essenziali. I primi sono fondamentali e occorre ricercarli nel cibo. Gli altri 12 possono essere derivati dai primi 9 in caso di bisogno.

La scelta tra proteine animali o vegetali non ci tragga in inganno: a monte è più importante ricercare un allevamento (o una coltivazione) naturale. La vera qualità delle proteine risiede nella qualità della loro produzione.

Poi abbiamo definito il metabolismo come l'insieme delle funzioni che ci tengono in vita. Un metabolismo attivo è indice di un corpo efficiente, attivo e sano, e che consuma più nutrienti e calorie durante la giornata.

Il metabolismo viene rallentato principalmente da stress, sonno disturbato e alimentazione scorretta.

Il limite salutare di sale giornaliero è circa 5g. Stiamo attenti poiché consumiamo molto più sale senza accorgercene di quanto non ne mettiamo volontariamente nel cibo. Imparare a leggere rapidamente le etichette è l'unico strumento che può salvarci da assunzioni eccessive di sale.

I grassi sono macronutrienti fondamentali che ricoprono lo straordinario ruolo di riserva energetica, determinante per la sopravvivenza della specie nei periodi di carestia. Essi si dividono in saturi e insaturi. I primi sono per lo più allo stato solido e hanno solo la funzione di riserva energetica. Quelli insaturi, oltre alle caratteristiche dei primi, sono in grado di apportare straordinari benefici al nostro organismo, compreso proteggerci da invecchiamento e degenerazioni.
Purtroppo notiamo che nella quotidianità abbondano i grassi saturi e scarseggiano quelli insaturi.

Bene, adesso che abbiamo riassunto i concetti principali, possiamo addentrarci nella gestione degli aspetti pratici della vita di tutti i giorni...

CAPITOLO 12.   MANGIARE AL RISTORANTE

In apertura di questo spinoso capitolo godiamoci l'introduzione al ristorante che Natalino Balasso ha realizzato e pubblicato online

LINK VIDEO:

https://www.youtube.com/watch?v=rq_dz8rpobg

(TIME: tutto il video)

E come se non bastasse… La razza dei salmoni originaria non viene più utilizzata negli allevamenti, poiché molto meno remunerativa… Oggi si usa la versione OGM gigante

Ma che cavolo stiamo mangiando?

Figura 25 - il salmone costruito in laboratorio

Quindi stiamo molto attenti e cerchiamo di evitare di scegliere il salmone… a meno che non sia "selvaggio".

I CONSIGLI AL RISTORANTE

Capita spesso che, nonostante si conosca la teoria delle buone abitudini alimentari (e giunti a questo punto, dovremmo averne una discreta idea…) ci si scontri con una pratica abbastanza ostica… specialmente quando si tratta di mangiare al ristorante! In effetti in questo ambito abbiamo pochissimi strumenti di controllo sulla preparazione del cibo e la scelta delle materie prime che rischia di rovinare l'equilibrio del nostro regime alimentare. Certo è che il ristorante è più un momento conviviale che un esercizio di nutrizione, e come tale è bene che resti. Entrare in un ristorante pensando di poter fare "nutrizione" è un buon modo per rovinarsi l'esperienza. Se siamo in un posto del genere, godiamocelo!

Certamente però ci sono alcuni suggerimenti che non varieranno la nostra esperienza sensoriale tanto attesa, ma che potrebbero abbassare, a volte anche di molto, i danni che potremmo eventualmente arrecarci comportandoci "completamente a caso".

Vediamoli:

RISTORANTE = STRAVIZIO

Questo è l'approccio mentale più comune e diffuso per chi si "sente a dieta". Quante volte abbiamo detto o ci siamo sentiti dire frasi tipo: "almeno al ristorante voglio godere un po'!". Come abbiamo accennato non c'è niente di male nel farci coccolare ogni tanto al ristorante, ma almeno entriamoci senza intenzioni belliche! Iniziamo dai minuti precedenti a rassicurare la nostra mente immaginando il ristorante una "prolunga" della nostra casa, nella quale però veniamo serviti e riveriti, e in cui certamente troveremo pietanze non frequenti sulle nostre tavole. Questo genere di approccio scongiurerà l'opposto della "vendetta sulla dieta" quasi avessimo da riscattare un torto subìto... in sintesi: approccio mentale del "al ristorante mi sento come a casa"

IL PANE IN TAVOLA

Questo è il principale nemico di chi pranza o cena fuori! Appena ci sediamo viene portato il pane, che generalmente assaltiamo come predatori affamati. Nel migliore dei casi "resistiamo" facendo appello alla nostra forza di volontà... beh, nessuno dei due approcci ci sarà molto utile! Piuttosto potremmo gentilmente chiedere al cameriere di portare il cestino del pane in un secondo momento, qualora ce ne fosse bisogno.

Con questo semplice gesto ci saremo assicurati almeno una partenza "alla pari". E iniziare bene è già metà dell'opera...

IL VINO E LE BEVANDE

Altro punto complesso che si affronta nei primissimi minuti al tavolo: "cosa beviamo?".

Abbiamo visto nel capitolo sull'acqua che il momento migliore di bere è lontano dai pasti, soprattutto perché col cibo (a prescindere da quel che mangiamo) già estraiamo liquidi. Aggiungerne durante il pasto è quasi sempre controproducente, poiché intralcia la digestione e di fatto ne allunga i tempi (anche qui è possibile riferirsi al capitolo sulla digestione).

Come conciliare quindi la scelta delle bevande con la nostra pratica di sana gestione dei pasti?

Distinguiamo tra vino (incluso birra e bevande) e acqua. L'acqua si rende necessaria ogni volta che il cibo si presenta troppo salato, secco, o privo di adeguato contorno in verdure ricche di liquidi. Bevendo regolarmente durante il giorno e scegliendo le pietanze in quest'ottica non dovremmo percepire neppure lo stimolo della sete durante il pasto. Qualora ne avessimo bisogno (perché come dicevamo al ristorante ci manca il controllo sulla preparazione del cibo e l'uso del sale, per esempio), potremmo ordinarla anch'essa al momento del bisogno.

Discorso differente per vino birra e bevande. Di queste infatti non abbiamo bisogno in senso stretto, ma le scegliamo per gusto (un buon vino ben abbinato può seriamente fare la differenza con alcune pietanze). Anche in questo caso quindi farà la differenza il modo in cui approcciamo la motivazione per cui ordiniamo vino o bibite, e non ha tanto senso parlare di divieto in senso stretto. Resta comunque valido il fatto che all'interno di una lattina di bibita sono presenti circa 7 bustine di zucchero se non di più, e ricordarselo al momento di scegliere la bibita può fare la differenza. Magari avvertiremo meno la necessità del dolce a fine pasto, se abbiamo fatto una scelta consapevole all'inizio.

Altra informazione utile da sapere è che l'acqua gassata aumenta la sensazione di appetito, e di fatto ci fa consumare più cibo nell'arco del pasto. Anche in questo caso parlare di divieto ha poco senso, mentre scegliere con consapevolezza è tutto un altro vivere...

INFORMARSI SUL TIPO DI PREPARAZIONE

Poiché se è vero che non abbiamo modo di gestire la preparazione del cibo, è nostro diritto sacrosanto informarsi prima di ordinare. Con educazione possiamo chiedere al cameriere di indicarci il modo di cottura di ciò che ha attirato la nostra attenzione nel menù, così da poter scegliere serenamente. Stiamone certi: aspettarsi un piatto "alla griglia" quando è stato precedentemente "scottato nell'olio" per dorarlo potrebbe davvero rovinarci l'esperienza.

SCEGLIERE LE PIETANZE

Come dicevamo, la scelta è dettata essenzialmente da fattori interni, dal momento della giornata e anche dall'ambiente. Forzarci a mangiare qualcosa che non ci va solo perché "sano" ci danneggia più di quanto crediamo ci giovi. Certo però possiamo agire di anticipo: per prima cosa, a colpo d'occhio, cerchiamo le opzioni alla griglia, al forno e al vapore, e cerchiamo di "sponsorizzarcele con amore". Potrebbero anche essere più appetibili di altre soluzioni, o qualora fossimo indecisi, avremmo almeno un sassolino piccolo che potrebbe far pendere la bilancia da una parte anziché dall'altra, pur rimanendone soddisfatti.

IL CONTORNO A PARTE

Questo è, assieme a quello del cestino del pane, il trucco più efficace: abbiamo visto nel capitolo dei grassi che essi stanno generalmente attaccati alla carne, oppure nei sughi o creme di guarnitura, ben amalgamati con sali, aromi ecc. Niente in contrario nella scelta di queste pietanze ma, qualche dubbio su un eventuale inconsapevole riassorbimento degli eccessi forse potremmo averlo. Voglio dire che il grasso che cola dalla nostra fetta di carne finisce sul fondo del piatto. Cosa pensiamo che possa succedere se le patate, le melanzane, le zucchine ecc sono nello stesso spazio? Finiranno immancabilmente per assorbire tutto quanto. Inoltre potrebbe accadere l'opposto: potremmo avere una fetta di carne bianca ai ferri e delle verdure stracotte nell'olio... la povera carne funzionerà da spugna e renderà vano il nostro sforzo.

Quindi assicuriamoci di farci portare i contorni in piatti separati, e gestire noi, volontariamente, le colature di grasso da ambo le parti.

Attenzione: a questo punto poi potremmo anche decidere di fare scarpetta chiamando il cameriere per farsi portare il pane, ma sarebbe comunque un gesto che compiamo in piena autonomia di scelta, e non uno occulto senza controllo. Una differenza non da poco...

COME SCELGO UN RISTORANTE?

Questi consigli sono validi per qualsiasi ristorante e sono tutti basati sulla ricerca dei gesti consapevoli, eliminando di fatto tutti quei "danni occulti" che subiamo senza neppure accorgercene.

A monte di queste accortezze però c'è la scelta del locale. Come poter diminuire i rischi, specie quando abbiamo a che fare con posti nuovi?

Ma che cavolo stiamo mangiando?

La lunghezza del menù è un indizio importante: un menù corto è sempre preferibile ad un menù lungo. Alla base di questa "sentenza" sta un semplice concetto di economia: per offrire un'ampia scelta al cliente dovrò decidere o di minimizzare gli sprechi (con metodi di conservazione impattanti) oppure di accettarli purché siano costati poco (riducendo il costo, ovvero la qualità, delle materie prime).

Quando siamo di fronte ad un menù corto è più probabile che il ristoratore faccia la spesa giornalmente, che gli avanzi siano ridotti o prossimi allo zero e che quindi si possa permettere di scegliere la qualità anziché la quantità. Chiaramente in questo secondo caso eviteremo i classici del riuso come le polpette, il ragù, e tutto ciò che ha un aspetto "macinato"...

CAPITOLO 13.   SPUNTINI UTILI

Gli spuntini rappresentano la chiave per la buona gestione della giornata nutrizionale.

Mangiare ogni 2-3 ore invia segnali ben precisi ai nostri sistemi metabolici e può rappresentare un metodo molto valido per aumentare la sensazione di benessere, di energia e di leggerezza con un piccolo investimento di tempo.

Se riusciamo ad organizzare la nostra giornata dividendola nei cinque pasti canonici e utilizzando le nozioni apprese in questo libro riusciremo ad allinearci su un profilo di benessere da cui difficilmente ci vorremo discostare

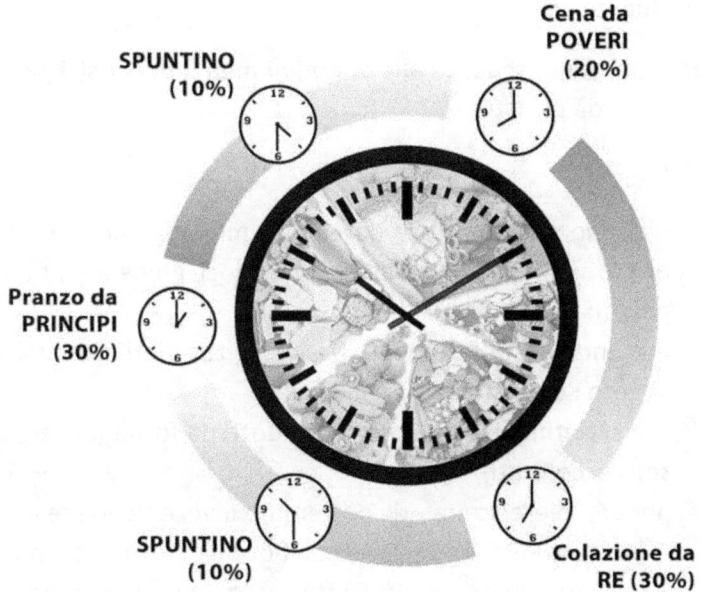

Figura 26 - i cinque momenti fondamentali della nutrizione

Ma che cavolo stiamo mangiando?

È molto utile ricordare la formula dei nostri nonni, quella che recitava: "colazione da re, pranzo da principi e cena da poveri" aggiungendo i due spuntini leggeri tra questi tre momenti fondamentali. Anche in questo caso una scelta consapevole produrrà effetti conosciuti, mentre lo spuntino "a caso" ci restituirà risultati casuali (e spesso non desiderati)

Immaginando una giornata senza particolari richieste nutrizionali (per esempio senza sport) nel momento dello spuntino proviamo a prediligere i macronutrienti come le proteine e i grassi insaturi, tralasciando quanto più possibile i carboidrati. Avremo solo vantaggi: le proteine e i grassi ci conferiscono maggior senso di sazietà, sono normalmente insufficienti nei pasti principali e forniscono energia a lungo tempo, evitando il tanto temuto picco glicemico (trattato nel capitolo sugli zuccheri).

Vogliamo dare uno sguardo alle abitudini medie dei nostri giorni, per quanto riguarda gli spuntini?

Troviamo:

- nessuno spuntino (che determina mini digiuni ripetuti di 5-6 ore tra un pasto e l'altro, facendoci giungere affamati al pasto);
- merendine confezionate (ricche di zuccheri e grassi saturi, ovvero l'opposto di ciò che serve)
- schiacciatine, pizzette e altri prodotti da forno (ovvero tanti e soli carboidrati);
- per compiere scelte utili potremmo invece ricorrere a:
  - crudités di verdure con fiocchi di formaggio magro;
  - una manciata di frutta secca a guscio con preferenza per mandorle o noci;

Ma che cavolo stiamo mangiando?

- o macedonia di frutta fresca di stagione in yogurt bianco;
- o affidarsi a prodotti appositamente confezionati scegliendo con cura la ditta produttrice.

Per gli spuntini valgono sempre le stesse regole dei pasti principali, in cui però avremo un minor apporto di cibo. Quindi scegliamo in genere cibi a basso indice glicemico, il più possibile ricco di vitamine e minerali (approfittiamo anche di questi due momenti per aggiungere micronutrienti alla nostra scorta) e ricordiamoci di introdurre proteine e grassi di buona qualità.

CAPITOLO 14.   LEGGERE LE ETICHETTE

Il capitolo sulle etichette è probabilmente quello che ci spaventa di più, perché in fondo lo sappiamo che una volta apprese certe nozioni "non saremo più come prima" e che certe scuse non saranno più valide una volta completati i prossimi capitoli... Quindi appena ci sentiamo pronti, andiamo avanti.

Le informazioni derivano tutte dalla legge europea vigente al momento della stesura. In qualunque momento sarà possibile controllare eventuali aggiornamenti sul sito dell'unione europea o su quello del ministero della salute:

(FACOLTATIVO)
Per un approfondimento maggiore,
scaricare il PDF messo a disposizione
dal Ministero della Salute

LINK AL FILE
http://www.salute.gov.it/imgs/C_17_opuscoliPoster_272_allegato.pdf

Ma che cavolo stiamo mangiando?

E per continuare l'approfondimento, è possibile consultare il sito istituzionale della comunità Europea

LINK AL SITO

https://ec.europa.eu/food/safety/labelling_nutrition_en

Cominciamo quindi a vedere come si struttura una confezione. Essa è composta da:

- Denominazione
- Durabilità
- Condizione di conservazione
- Provenienza
- Elenco ingredienti
- Nome o ragione sociale
- Quantità al netto
- Dichiarazione nutrizionale

Alcune di queste voci risultano di poco valore nell'uso quotidiano, alcune non sapevamo nemmeno che esistessero, altre le abbiamo sempre viste e le diamo per scontate.

Ma quali preziose informazioni possiamo ricavare o dedurre da queste apparentemente inutili indicazioni?

Vediamole:

DENOMINAZIONE

Questo è il nome del prodotto, quello che viene scelto per essere riconosciuto a livello commerciale. Dopo l'eventuale immagine sulla confezione, è il primo elemento (e forse l'ultimo) che notiamo nella fase di scelta del prodotto dallo scaffale. Anticipo già che alcuni produttori utilizzano nomi "subdoli" che ci inducono a pensare a qualcosa senza dirlo esplicitamente. Facciamo un esempio di fantasia: "biscotto fior di miele" (magari a casa andiamo a vedere gli ingredienti e scopriamo che il miele è presente solo in minima parte... ma su questo argomento ci torneremo per bene a breve).

DURABILITÀ

Entro quando dovremmo mangiare il prodotto? È indicato dal produttore ed esso se ne assume la responsabilità.

Esistono però due voci distinte in questo campo che per legge possiamo usare:

- DA CONSUMARSI ENTRO E NON OLTRE
- DA CONSUMARSI PREFERIBILMENTE ENTRO

(sono ammesse anche frasi "simili" per ragioni di spazio. Per esempio al posto della prima potremmo scrivere solo "da consumarsi entro")

La vera discriminante sta, al di là della sintassi, nel concetto di "limite" e in quello di "preferibilmente".

Quando un prodotto indica una data entro la quale deve essere consumato è effettivamente una data di scadenza. Oltre quella data il prodotto potrebbe aver sviluppato sostanze nocive per la salute umana, e non dovrebbe essere mangiato. In genere troviamo questo tipo di indicazione su prodotti caseari, latticini, yogurt, carni fresche sotto vuoto ecc poiché per loro stessa natura possono rappresentare un habitat ideale alla prolificazione di agenti patogeni.

Quando invece è indicata una "preferenza di consumazione" entro una certa data, il produttore ci sta dicendo che assicura entro quel periodo che le proprietà organolettiche del prodotto rimangano intatte. Significa che un biscotto resterà croccante, una brioche rimarrà soffice, la cioccolata non si sarà separata dal burro di cacao ecc. E' importante ricordare che oltre quella data il prodotto resta consumabile (fatto salvo l'ispezione visiva ed olfattiva dello stesso).

Conoscendo questa differenza possiamo evitare fastidiosi sprechi e rischi inutili per la nostra salute.

Tutto quanto detto finora vale in condizioni di conservazione ideale, che sono anch'esse presenti sulla confezione.

CONDIZIONI DI CONSERVAZIONE

Poiché il consumatore non è tenuto a conoscere la modalità più corretta per la conservazione del cibo, la legge prevede che sia il produttore ad informare chi compra su questo aspetto. Qualora ce ne fosse bisogno, sarà presente la descrizione dettagliata della modalità di conservazione del prodotto che ne assicura il raggiungimento della data di scadenza in tutta sicurezza e qualità.

Ovviamente stiamo sempre allerta: quali garanzie abbiamo sul metodo di conservazione del cibo in quel lasso di tempo che va dalla produzione allo scaffale del supermercato? In teoria sono affidate alla professionalità dei lavoratori di settore, ma la certezza di tali garanzie non potremo mai averla. Meglio quindi essere sempre prudenti.

PROVENIENZA

Anche qui poco da dire: viene indicata la provenienza del prodotto. Numerose truffe vengono giornalmente messe in scena per aggirare le norme, ma qui si aprirebbe un capitolo senza fine. Limitiamoci a scegliere cibi che riteniamo sicuri, di provenienza italiana, e in negozi dalla reputazione più alta possibile. Con tutto il rispetto, un olio extravergine italiano di marca sconosciuta farei un po' fatica ad acquistarlo presso uno shop aperto h24 da qualcuno che comprende a stento la lingua del produttore d'olio...

Ma in ogni caso, su questo punto, nessuna certezza. Purtroppo.

NOME O RAGIONE SOCIALE

Indicazione utile esclusivamente per inviare domande, reclami o simili.

Fa comunque sapere che in caso di bisogno abbiamo qualcuno da contattare. Non diamolo per scontato.

QUANTITÀ AL NETTO

Questa voce può essere utilizzata per il calcolo dei nutrienti: se la tabella nutrizionale riporta i valori per 100g di prodotto e siamo alla ricerca di quantità precise di, per esempio, proteine, in base a quanto prodotto c'è in una confezione capiamo quanto dovremmo assumerne.

Utile anche la specificazione del "prodotto sgocciolato" qualora si acquisti qualcosa sott'olio, sott'aceto ecc, perché sarà su questo secondo parametro che, come nell'esempio di prima, calcoleremo la quantità proteica.

ELENCO INGREDIENTI

Ora che abbiamo dato uno sguardo agli aspetti meno conosciuti della confezione, dedichiamoci al vero crogiuolo di informazioni presente nella combinazione di elenco ingredienti e tabella nutrizionale.

L'elenco ingredienti ha una caratteristica fondamentale e veramente importante: l'ordine è sempre, ripeto: sempre, tale per cui il primo ingrediente è maggiore in quantità del secondo, il quale lo è del terzo e così via. Ne consegue che i primi 2 – 3 ingredienti rappresentano già la maggior parte del totale, mentre ciò che leggiamo verso la fine della lista è presente in quantità pressoché insignificanti. Se nell'esempio dei "biscotti fior di miele" troviamo la voce "miele" al penultimo posto nella lista ingredienti siamo di fronte chiaramente ad un uso ingannevole del termine "miele" che viene aggiunto solo per giustificare il nome. Se al contrario il miele è tra i primi ingredienti, significa che è stato davvero utilizzato come dolcificante nella ricetta, magari a dispetto del più nocivo zucchero.

Lo sappiamo tutti, la matematica è materia per pochi, ma il nostro scopo è semplificare proprio le cose complesse; quindi inventiamo una lista ingredienti dei biscotti "Fior di miele" e proviamo a pensarla sia in termini di percentuali numeriche, sia graficamente. L'importante è immaginare che il campione analizzato su cui vengono fatti i test sia esattamente 100g. In questo modo possiamo sfruttare il concetto che la somma di tutti gli ingredienti nella lista sia, appunto, 100g.

Esempio di lista ingredienti:

farina, zucchero, burro, uova, miele, acido ascorbico, aromi.

Cosa possiamo dedurre? Immaginiamo che almeno la metà del peso sia farina (ovvero il 50%) e che quindi la farina pesi 50g. La somma di

Ma che cavolo stiamo mangiando?

TUTTI GLI ALTRI ingredienti sarà al massimo 50g. Significa che se per esempio lo zucchero fosse 30g (ovvero il 30%), la somma di burro + uova + miele + acido ascorbico + aromi sarà 20g. E se il burro pesasse 8g (ovvero l'8%) ai restanti ingredienti rimarrebbe a disposizione 12 miseri grammi da spartirsi...

Ingrediente	peso	percentuale	
farina	50 g	50 %	80 %
zucchero	30 g	30 %	
burro	8 g	8 %	20 %
uova	6 g	6 %	
miele	3 g	3 %	
acido ascorbico	2 g	2 %	
aromi	1 g	1 %	
TOTALE:	100 g	100 %	100 %

Dall'ordine degli ingredienti possiamo dedurre quanto segue:

- Il primo ingrediente è quello in proporzione col peso maggiore;
- Ogni ingrediente pesa meno dell'ingrediente precedente e di più di quello che lo segue (es. le uova sono al 6%, e ce ne sono meno del burro 8% ma più del miele 3%);
- La somma di tutti gli ingredienti deve fare 100 (perché è una proporzione in percentuale);
- Più vado avanti nella lista, minore è la quantità dei vari ingredienti.

Ma che cavolo stiamo mangiando?

Nel caso d'esempio, il miele è il 5° ingrediente, e già è presente solo al 3%. Le quantità diminuiscono rapidamente, proprio perché dopo ogni ingrediente c'è sempre meno "spazio" per i successivi. Riportiamo quanto detto su un grafico a torta:

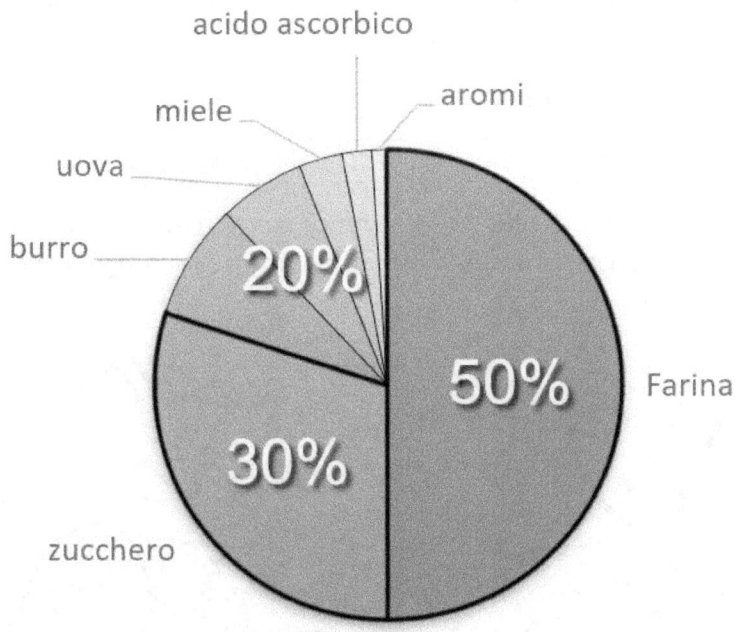

Figura 27 - schema a torta delle quantità degli ingredienti

Vediamo che del totale (100%) la farina occupa da sola metà torta e lo zucchero un altro 30%. Ai restanti ingredienti non rimane altro che dividersi il rimanente 20%.

Tutto quanto appena detto è determinante per ricavare alcuni dati importanti quando si tratta di voler scovare i prodotti dei disonesti.

Infatti tutto quanto viene riportato nella denominazione del prodotto o nelle immagini poste sul fronte della confezione, obbliga il produttore ad indicarne le quantità precise nella lista ingredienti.

Torniamo al nostro esempio dei biscotti "Fior di miele". Poiché la denominazione contiene il termine "miele" troveremo per legge la percentuale nella lista ingredienti:

Esempio di lista ingredienti:

farina, zucchero, burro, uova, miele **(3%)**, acido ascorbico, aromi.

E se per scelta di marketing o di estetica comparisse un uovo sulla confezione? Facciamo un esempio di ipotetico packaging di questi biscotti:

Figura 28 - logo di fantasia dei biscotti esempio

Ma che cavolo stiamo mangiando?

Come vediamo l'uovo non è menzionato per scritto, ma ne compaiono due nell'immagine. Il produttore si ritrova obbligato a specificarne la quantità esatta nella lista ingredienti, come nel caso del miele:

> farina, zucchero, burro, uova **(6%)**, miele **(3%)**, acido ascorbico, aromi.

Questo aspetto della legge tutela tutti quei consumatori attenti che, essendo a conoscenza di queste indicazioni, possono controllare la quantità dell'ingrediente che ha attirato la loro attenzione perché evidenziato sul fronte della confezione. Nel caso dei nostri biscotti il consumatore distratto li acquista perché contengono il tanto prezioso miele delle api, mentre il consumatore attento li rimette sullo scaffale quando vede che di miele ce ne sono solamente "tracce" (3%)...

Ma non finisce qui. Il nostro percorso verso la padronanza delle confezioni ci porta ad un livello superiore...

TABELLA DELLE DICHIARAZIONI NUTRIZIONALI

In questa tabella è possibile leggere molto più della semplice quantità di proteine o di sale. Spesso è possibile usarla assieme alla lista ingredienti per avere un quadro completo della ricetta intera!

Vediamo intanto cosa contiene ad un primo sguardo:

	quantità riferita a 100g o 100ml
Energia	(in kCal o kJ)
Carboidrati	(con la sottovoce "di cui zuccheri")
Grassi	(con la sottovoce "di cui saturi")
Proteine	
Fibre	
Sale	(a volte troviamo "sodio")

Abbiamo conosciuto a fondo il significato di "saturi" per quanto riguarda i grassi. Quel che occorre tradurre in questo caso è la voce "di cui zuccheri". La normativa denomina gli zuccheri semplici come "zuccheri" e la somma di zuccheri semplici e complessi "carboidrati". Quando si parla di "carboidrati, di cui zuccheri" si intende di fatto "somma tra zuccheri complessi e semplici, di cui zuccheri semplici".

Occorre specificare che in alcuni casi troviamo, oltre alla colonna dei valori riferiti a 100g (o 100ml), anche i valori per porzione, e/o le percentuali dei valori giornalieri raccomandati.

In questa prima fase concentriamoci solo sulla quantità per 100g (o 100ml)

RISALIRE ALLA RICETTA

[Paragrafo facoltativo, solo per veri esperti]

Questo paragrafo è particolare poiché non è necessario ai fini della comprensione del libro, ma risulta molto utile a quelli di noi che avendo già messo in pratica le nozioni apprese fin qui, sentono il desiderio di voler emergere al di sopra della massa ed ottenere strumenti di difesa più potenti contro le truffe più astute dei produttori di cibo.

In molti casi, grazie a queste informazioni, possiamo risalire alle quantità approssimate dei vari ingredienti anche se non direttamente dichiarate. Questo potrebbe esserci utile per replicare il prodotto fatto in casa con materie prime più genuine, oppure per avere un'idea più precisa di cosa davvero contengano queste "scatole chiuse" di cibo…

Ma che cavolo stiamo mangiando?

La prima volta che ci cimentiamo in questo metodo sono richiesti circa 10 minuti di attenzione, una calcolatrice e tanta respirazione, specie per coloro di noi che sono stati maltrattati dalla matematica a scuola. Possiamo però affermare con serenità che questo piccolo trucco è attuabile da tutti, poiché davvero molto semplice. Restiamo tranquilli e andiamo avanti:

Per prima cosa prendiamo come esempio la tabella nutrizionale inventata dei nostri ormai conosciuti biscotti "Fior di miele":

INFORMAZIONI NUTRIZIONALI BISCOTTI FIOR DI MIELE		
	per 100g	per porzione
Energia	455 kCal	100 kCal
Carboidrati	72,9 g	16,0 g
Di cui zuccheri	34,1 g	7,5 g
Grassi	13,6 g	3,0 g
Di cui saturi	9,5 g	2,1 g
Proteine	8,2 g	1,8 g
Fibre	4,0 g	0,9 g
Sale	0,6 g	0,1 g

La colonna dei 100g ci specifica che in questo campione di riferimento 72,9g sono occupati dai carboidrati, e che di questi, ben 34,1 sono zuccheri (osserviamolo proprio sulla tabella). Se alla luce di questi dati riprendiamo in mano l'elenco ingredienti possiamo scoprire una cosa interessante:

farina, zucchero, burro, uova **(6%)**, miele **(3%)**, acido ascorbico, aromi.

Cercando nella lista gli ingredienti "zuccheri" troviamo solamente lo zucchero e il miele. Il miele però è specificato essere il 3% (quindi 3g su 100g) perché presente nel nome del prodotto, quindi per semplice sottrazione possiamo dedurre che lo zucchero sarà presente in una quantità molto prossima alla cifra così calcolabile: 34,1g (ovvero gli zuccheri totali) − 3g = 31,1g. Ovviamente non possiamo pretendere la certezza, quindi arrotondiamo a circa 30g.

Con lo stesso principio possiamo indagare, per esempio, la quantità di farina: la voce "carboidrati" (72,9g) è formata per una parte da 34,1g di zucchero e miele, e per il restante 38,8g?

Guardiamo nuovamente la lista ingredienti e troviamo solo la farina che possa apportare carboidrati. Pertanto quei 38,8g saranno dati proprio dalla farina.

La farina in genere non apporta solo carboidrati (come nel caso di zucchero e miele che invece sono solo zuccheri), ma ha una parte proteica (in genere il 10%) e una parte di fibre (che per fortuna viene sempre indicata in tabella nutrizionale). Quindi possiamo supporre che 4g (ovvero il 10% di 38,8g) degli 8,2g di proteine sono della farina, così come i 4g di fibre indicate in tabella.

Per capire quanta farina c'è nella ricetta basterà ora sommare ai 38,8g di carboidrati questi altri 8 g tra proteine e fibre ottenendo 46,8g di farina. Se controlliamo sul grafico a torta del paragrafo precedente notiamo che i valori indicativi erano circa 30% zuccheri, 50% farina, ovvero quelli appena ricavati con le dovute approssimazioni.

Lo stesso trucchetto funziona per i grassi: valutando i 13,6g totali di cui 9,5 saturi, e sapendo dalla lista ingredienti che le uova sono il 6% (ovvero 6g), stimando l'apporto di grassi saturi in un uovo pari a circa un quarto, ipotizziamo con la dovuta sicurezza che la quantità di burro

Ma che cavolo stiamo mangiando?

(che possiamo considerare tutto grasso saturo) è circa 9,5g – 1,5g (un quarto di 6g) = 8,0g

La conferma arriva dalla prima tabella del paragrafo precedente in cui avevamo stimato la quantità di burro proprio attorno all'8%

Per semplificare:

- il valore più utile in assoluto da scovare è quello dello zucchero;
- divertiamoci a dividere quela quantità di zucchero per il valore di 5g, e ricavare così il numero di BUSTINE DA BAR presenti in ciò che stiamo mangiando;
- consideriamo sempre i primi 5-6 ingredienti, poiché abbiamo visto che oltre questo numero le quantità sono irrisorie;
- I più facili da individuare sono gli zuccheri semplici, e subito dopo la quantità di farina (se per esempio prendete un succo di frutta notate che le quantità di carboidrati e quella "di cui zuccheri" coincidono perché non c'è altro che il fruttosio della frutta e lo zucchero aggiunto) In quel caso la quantità di frutta è specificata in percentuale e il resto sarà lo zucchero aggiunto (ma sempre zuccheri semplici sono).

LE PORZIONI

Sempre a proposito di indicazioni che dovrebbero in teoria tutelare noi consumatori ma che in pratica finiscono per confonderci, troviamo le indicazioni sulle porzioni: lo scopo di questa regolamentazione abbiamo detto che sarebbe nobile, infatti aggiungerebbe dettagli importanti circa la quantità di uso effettivo della confezione che sto per acquistare. Potrebbe in effetti avere senso domandarsi "quante porzioni di biscotti ci sono in questa confezione?" prima di decidere di volerla acquistare (o magari capire per tempo che ho bisogno di due o più confezioni).

Eppure anche questa normativa nasconde delle insidie: il nucleo del problema risiede essenzialmente nel fatto che la quantità della porzione è stabilita dal produttore a sua totale discrezione. Ma ancora siamo lontani dal vero problema, diciamo che ci stiamo solo avvicinando...

Una volta stabilita la porzione, il produttore può decidere di riferire i valori nutrizionali anche a questo parametro. Ne consegue che se chi produce biscotti decide di volerli far apparire meno "dannosi per la salute" potrà insindacabilmente decidere che la porzione è composta da una quantità oggettivamente piccola, così che le quantità di zuccheri, calorie e grassi per "porzione" risultino basse, e magari sbandierare queste "qualità" sul fronte della confezione... (nei prossimi capitoli affronteremo le questioni dei claims nutrizionali)

Quindi abbiamo già il primo problema: in base a come decido di intendere la porzione, posso far apparire un prodotto più o meno sano...

Ci sarà sicuramente capitato di leggere qualcosa del tipo "solo 40 calorie a porzione", oppure "solo 4g di grassi a porzione" ecc, peccato che poi nella pratica è consuetudine consumare 4-5 porzioni alla volta. L'esempio classico è quello della nota crema spalmabile che vantava di fornire "solo" 80 kCal a porzione. Divertiamoci a sfidare i nostri amici e parenti interrogandoli sulla quantità in grammi dichiarata di una porzione di quella crema spalmabile. Nessuno ci risponderà mai, poiché è un dato sconosciuto ai più (nonostante sia in etichetta).

La porzione dichiarata in questo caso è di 15g.

Anche in questo caso divertiamoci a sfidare amici e parenti a consumarne solamente 15g (per averne un'idea pratica, consideriamo che un vasetto da 1kg dovrebbe contenere circa 70 porzioni. Proviamo una volta a guarnire 70 fette di pane con un singolo vasetto da 1kg. Proviamo...)

Una piccola nota a margine proprio su questa crema: le quantità delle porzioni, incredibilmente, variano da paese a paese! Si passa dai 37g degli USA, ai 30g del Medio Oriente, e dai 20g di Australia Brasile e Argentina... Informazioni che certamente fanno riflettere...

Ma se la quantità di prodotto in una porzione deve comunque essere valutata dal consumatore (perché quello del produttore è solo un suggerimento), abbiamo altre trappole legate a questo aspetto. Una volta catturata la nostra attenzione con l'informazione che una "porzione di biscotti ha solo 84 calorie" impattando magari sulla nostra necessità di una dieta controllata, acquistiamo il prodotto ed andiamo ad aprirlo, trovando i biscotti confezionati in piccoli gruppi "salva freschezza"...

Istintivamente ringraziamo perché ci ricordiamo che i biscotti che prendono aria tendono a perdere la loro fragrante croccantezza... dimenticandoci di contarli all'interno della mini confezione. Ci limitiamo ad aprirne una e generalmente finirla (o quasi) senza far caso al fatto che ogni singolo "sotto pacchetto" contiene 3-4 porzioni! Quindi, di fatto una porzione sarebbe anche "light", peccato che il packaging ci induca a consumarne due o tre volte tanto!

Stiamo allerta dunque di fronte alle indicazioni sulle confezioni. A breve approfondiremo...

LA GDA

Le "Guideline Daily Amount" ovvero le "Guide linea sulle quantità giornaliere" rappresentano un altro step verso il supporto del consumatore che si è drammaticamente trasformato nell'ennesimo dato fuorviante. A prescindere dal fatto che oltre alla norma delle GDA abbiamo svariate altre tabelle di riferimento (es. VNR, RDA, LARN ecc) che più o meno si assomigliano come valori, la sostanza non cambia: noi consumatori non siamo tenuti a conoscere e studiare le quantità di nutrienti necessari al giorno in media, pertanto furono stilate delle tabelle di riferimento (le sigle sopra citate) affinché ci fosse un riferimento per chi avesse l'interesse a bilanciare i propri pasti, o solamente evitare gli eccessi di alcuni elementi.

Nobile intento, non c'è che dire, tanto più che per l'applicazione di questa idea fu scelto di presentare al fianco dei valori nutrizionali l'indicazione (già calcolata in percentuale) del contributo per il raggiungimento del livello di GDA, VNR ecc.

Quindi potremmo trovare oltre alla colonna dei valori per 100g e a quella "per porzione" anche un'altra colonna con le percentuali di assunzione che quel determinato nutriente riesce ad apportare.

Ma che cavolo stiamo mangiando?

Facciamo un esempio con i biscotti "Fior di miele"

INFORMAZIONI NUTRIZIONALI BISCOTTI FIOR DI MIELE			
	per 100g	Per porzione	%GDA per porzione
Energia	455 kCal	100 kCal	5 %
Carboidrati	72,9 g	16,0 g	8 %
Di cui zuccheri	34,1 g	7,5 g	9 %
Grassi	13,6 g	3,0 g	5 %
Di cui saturi	9,5 g	2,1 g	10 %
Proteine	8,2 g	1,8 g	4 %
Fibre	4,0 g	0,9 g	0,07%
Sale	0,6 g	0,1 g	1 %

In questo caso viene fornita la percentuale del totale GDA che una porzione fornisce. Osservando ad esempio i grassi saturi (valore = 10%) potremmo affermare che con 10 porzioni di biscotti assumiamo il 100% dei grassi saturi indicati come fabbisogno dalle GDA

Ci sembrerà quindi abbastanza difficile pensare di assumere 10 porzioni di biscotti ma... ammettiamo che il produttore definisca una porzione pari a 2 biscotti... La colonna "per porzione" sarebbe in realtà quella per "due miseri biscotti" e la GDA farebbe proprio riferimento a questa quantità esigua. Ecco che la colonna GDA (o VNR, RDA ecc) possono essere al contempo molto utili o facilmente ingannevoli.

Ovviamente c'è dell'altro (purtroppo).

Una volta che abbiamo compreso il funzionamento di questa colonna di informazione nutrizionale verrebbe da chiedersi quali sono i valori presi per ogni nutriente come riferimento del 100%...

Vediamoli prima tutti insieme e poi li commentiamo:

Nutrienti	100% GDA
Valore Energetico (kCal)	2000
Proteine (g)	50
Carboidrati (g)	270
- di cui zuccheri (g)	90
Grassi (g)	70
- di cui saturi (g)	20
Fibre (g)	25
Sodio (g)	2,4

Questi sono i valori dei macronutrienti considerati il 100% quando viene compilata la colonna che abbiamo visto poco fa.

Per ricollegarsi all'esempio dei biscotti, i 2,1g di grassi saturi presenti in una porzione vengono valutati come 10% della GDA. Infatti il 100% per i grassi saturi è 20g.

A prima vista non sembra ci sia niente di strano, eppure già dalle ultime due righe qualcosa si nota... per le fibre è indicato come 100% il valore di 25g e per il sodio 2,4g.

Appare strano come sia stato preso in un caso il limite inferiore (l'assunzione di fibre abbiamo detto essere raccomandata tra 25g e 30g al giorno) mentre sia stato scelto il limite superiore per il sodio (2,4g è il massimo da assumere in un giorno).

La domanda che ci facciamo è: "se sono valori di riferimento, avrebbe senso che fossero tutti equiparati su un valore medio, o al limite tutti su un valore massimo... o no?

Ma che cavolo stiamo mangiando?

In effetti questa discrepanze di riferimenti sono presenti anche negli altri valori, forse meno evidenti: il limite per i grassi saturi è fissato a 20g quando sappiamo essere anche in questo caso il massimo di assunzione. Per gli zuccheri ci sono valori pari a circa 18 bustine da bar (che diremmo essere già abbastanza oltre il limite), ma per le proteine siamo su valori minimi di base (50g di proteine sarebbero a malapena sufficienti ad una femmina di 50kg con una vita totalmente sedentaria che lavora tutto il giorno al computer)

Insomma, si notano strane discrepanze tra la scelta di questi valori, e oltretutto viene il sospetto che siano stati scelti i valori MASSIMI in corrispondenza proprio dei nutrienti "più a rischio" come sale, zucchero e grasso, mentre per quelli più potenzianti e che portano ad una qualità della vita più alta siano stati scelti valori troppo bassi per essere considerati il 100%.

Quindi, ancora una volta, evitiamo di fidarci ciecamente di certe indicazioni emanate da grandi enti o poteri alti e teniamo attivo lo spirito critico! Limitiamoci ad osservare certe indicazioni con criterio e giudizio, filtrate dalle nostre conoscenze ed esperienze acquisite.

CAPITOLO 15. DIFENDERSI DALLE TRUFFE ALIMENTARI

Giunti a questo punto non ci manca più nessuno strumento: abbiamo ottenuto i mezzi per poter affrontare ogni singola situazione al supermercato e al ristorante. Da oggi la grande distribuzione di cibo può a tutti gli effetti iniziare a temerci, perché piantato il seme della conoscenza. A breve spunterà una robusta e solida pianta… basta avere pazienza.

Nel frattempo osserviamo qualche esempio pratico nella vita reale. Il video di Amos Boilini e le immagini successive citano prodotti realmente esistenti. Da questo punto del capitolo in poi ci limiteremo quindi ad una analisi distaccata ed imparziale di prodotti che troviamo al supermercato, lasciando a ciascuno di noi i propri commenti in merito.

Iniziamo dal video di Amos Boilini datato novembre 2015:

LINK VIDEO
https://youtu.be/RbMdqSUP0Do
(TIME: tutto il video)

Ma che cavolo stiamo mangiando?

Riportiamo di seguito per approfondimento la lista ingredienti e i claims della confezione

INFORMAZIONI NUTRIZIONALI: PLUMCAKE INTEGRALE			
VALORI MEDI	per 100g	per pezzo (33g)	%AR* per pezzo
ENERGIA	1631 kJ 389 kcal	538 kJ 129 kcal	6% 6%
GRASSI di cui: acidi grassi saturi	17,5 g 2,2 g	5,8 g 0,7 g	8% 4%
CARBOIDRATI di cui: zuccheri	48,8 g 29,0 g	16,1 g 9,6 g	6% 11%
FIBRE**	4,9 g	1,6 g	-
PROTEINE	6,7 g	2,2 g	4%
SALE	1,300 g	0,429 g	7%

*AR = assunzione di riferimento di un adulto medio (8400 kJ / 2000kcal).
** Determinate con metodo AOAC 2009.01.

Figura 29 - fonte www.mulinobianco.it

Zucchero, uova, farina integrale di grano tenero 15,7% (farina di frumento, crusca di frumento), farina di frumento, olio di semi di girasole, yogurt all'albicocca (yogurt, zucchero, purea di albicocca, aroma), zucchero di canna 4,4%, acqua, fibra solubile: oligofruttosio, agenti lievitanti (difosfato disodico, carbonato acido di sodio, carbonato acido d'ammonio), aromi, emulsionanti: mono- e digliceridi degli acidi grassi, sale.

Figura 30 - lista ingredienti - fonte www.mulinobianco.it

È doveroso aggiungere all'ottimo video che lo zucchero menzionato quale primo ingrediente non è neppure di canna, visto che quello citato nel claim è a mezza lista e compare con la sua percentuale (come ormai sappiamo benissimo) che è solo il 4,4%. Inoltre non sono specificate alcune indicazioni circa la tipologia di questo zucchero. Ricordiamo, come visto nel capitolo sugli zuccheri, che esistono le versioni raffinate, grezze e integrali dello zucchero di canna, e che solo l'ultimo contiene ancora le proprietà nutrizionali della canna da zucchero...

Ad oggi, 2018, questo prodotto è stato sostituito da una versione differente, che però ci fornisce spunti interessanti. Vediamolo insieme:

INGREDIENTI:
Farina integrale di frumento 31,1%, zucchero, uova fresche 23,1%, olio di girasole, yogurt all'albicocca 6,3% [yogurt (latte), zucchero, purea di albicocca, aroma], fibra solubile: oligofruttosio, agenti lievitanti (difosfato disodico, carbonato acido di sodio, carbonato acido d'ammonio), aromi, emulsionanti: mono e digliceridi degli acidi grassi, sale.

Ma che cavolo stiamo mangiando?

Tabella nutrizionale:

Valori Medi	per 100 g	per pezzo (33 g)	%AR* per pezzo
ENERGIA	1631 kJ	538 kJ	6%
	389 kcal	128 kcal	6%
GRASSI	17,5 g	5,8 g	8%
di cui acidi grassi saturi	2,2 g	0,7 g	4%
CARBOIDRATI	49 g	16,2 g	6%
di cui zuccheri	29,5 g	9,7 g	11%
FIBRE	4,3 g	1,4 g	-
PROTEINE	6,8 g	2,2 g	4%
SALE	1,250 g	0,413 g	7%

Confrontando le due tabelle nutrizionali possiamo affermare di trovarci difronte allo stesso identico prodotto con la differenza che lo scherzetto della "falsa farina integrale" non è stato usato; pertanto la farina inclusa in una sola voce balza al primo posto nella lista (nel 2015 non poteva essere al primo posto perché era divisa in due voci, una da 15,7% e l'altra subito successiva che sarà stata intorno al 15,4%, a giudicare dai valori nutrizionali identici del prodotto nel 2018)

Notiamo che nel caso del 2018 è possibile facilmente risalire alla quantità di zucchero della ricetta, come appreso nel paragrafo apposito. Lo zucchero si pone tra due voci dichiarate (farina 31,1% e uova fresche 23,1%) ed è l'unica fonte presente di zuccheri (trascuriamo senza problemi quello nello yogurt all' albicocca poiché secondo in una lista il cui totale è solo il 6,3%...). Nella tabella nutrizionale quindi ci aspettiamo un valore "di cui zuccheri" compreso proprio tra i due estremi dichiarati... ed infatti leggiamo 29,5g.

Potremmo fare la stessa cosa per la voce "fibre"...

Le tabelle nutrizionali non hanno più segreti per noi!

A questo punto ci resta da svelare solo un ultimo segreto: ci siamo domandati che cosa può aver spinto la stessa azienda nel 2015 a dividere la farina in due voci separate, e nel 2018 no? Scopriamolo nel prossimo capito. Intanto rallegriamoci: è un buon segno! I produttori si sono accorti che il consumatore inizia ad osservare, e quindi, seppur a modo loro, corrono ai ripari...

LA LEGGE SULL'INTEGRALE

Per comprendere con quale mondo abbiamo a che fare quotidianamente, leggiamo uno stralcio della circolare ministeriale 168/2003 (stralcio appositamente depurato dai riferimenti legislativi per renderlo leggibile anche dai non addetti ai lavori), in cui sono state evidenziate le parti più interessanti:

circolare ministeriale 168/2003 *"Etichettatura, presentazione e pubblicità dei prodotti alimentari"*
[...]
A) Utilizzazione del termine "integrale" nell'etichettatura dei prodotti da forno.
[...] l'uso del qualificativo "integrale" nella denominazione di vendita (esempio: biscotti integrali) risulta coerente sia nel caso di utilizzo di farina di frumento integrale acquistata come tale da aziende molitorie, sia nel caso in cui si ottenga tale prodotto, con le medesime caratteristiche, nell'ambito dello stesso opificio, aggiungendo crusca e/o cruschello alla farina di grano tenero. Il termine "integrale", infatti, implica la presenza di crusca e/o cruschello in quantità tale da assicurare un significativo apporto nutrizionale di fibre nel prodotto finito.

Ma che cavolo stiamo mangiando?

La crusca/cruschello sono, infatti, gli unici elementi che differenziano la farina di frumento integrale dalla farina di grano tenero
[...]
Pertanto non ha rilevanza alcuna, ai fini dell'informazione al consumatore, la messa in evidenza che si tratta di "farina integrale di grano tenero" proveniente dai molini [...] o di farina integrale ricostituita all'interno dell'azienda utilizzatrice, con parametri uguali o diversi da quelli previsti dalla norma. I prodotti finiti sono tutti legali con caratteristiche organolettiche pressoché identiche.
Si ritiene utile evidenziare, a tal fine, che lo scopo primario della norma consiste nella protezione e nella informazione dei consumatori e non nella protezione delle esigenze delle categorie economiche. [...]

La circolare si commenta da sola, specie le ultime quattro righe...

Di fatto cosa è successo? La legge autorizza chiaramente la ricostruzione della farina "integrale" senza citare il germe di grano. Quindi, nella quotidianità, la maggior parte dei prodotti che acquistiamo e che esibiscono la dicitura "integrale" sono realizzati con farina "00" con l'aggiunta di crusca. Peccato che in questo modo si ottengano sia gli svantaggi della farina "00" sia quelli della crusca, anziché beneficiare dei vantaggi di una farina completa!

Ma se abbiamo appena compreso che è legale ricostruire la farina (attenzione, abbiamo visto che è "legale"... non "salutare"...) ancora non riusciamo a spiegarci perché tanti produttori, ad oggi, dividano l'ingrediente "farina" in due voci, una integrale e l'altra no...

Il motivo è squisitamente matematico, e cerchiamo di spiegarlo con un esempio pratico:

ipotizziamo di essere l'azienda produttrice e di avere a disposizione 1g di crusca per ogni etto di farina "00" (magari per necessità economiche, tecnologiche, disponibilità, o per qualche altro motivo che a noi non interessa) e di voler realizzare un prodotto con la dicitura "integrale". Senza entrare troppo nel tecnico, ci basti sapere che la farina viene analizzata da laboratori specializzati dopo averla bruciata in forni ad altissime temperature per "pesare" la quantità di ceneri residue. Per averne un'idea, consideriamo che la crusca produce molta cenere rispetto alla farina "00" che praticamente non ne lascia...

Dunque noi che siamo l'azienda produttrice ricostruiamo la farina con 1g di crusca in 100g di farina, ne preleviamo un piccolo campione (ipotizziamo 10g) e lo mandiamo ad analizzare.

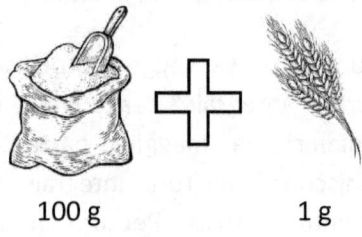

100 g   1 g

Il risultato sarà quello di un campione di farina che contiene circa l'1% di crusca.

Purtroppo, dopo il test, ci viene restituito un documento che dichiara che la farina non è adatta ad essere definita integrale.

A questo punto saremmo costretti ad aumentare la quantità di crusca per poter realizzare una farina etichettabile come "integrale" (dai calcoli del laboratorio scopriamo, per esempio, che ne servirebbero almeno 2g ogni 100g di farina). Ma in questo momento ci ricordiamo che abbiamo un vincolo imprescindibile: abbiamo l'esigenza di usare **un solo grammo di crusca per etto**... Ed è a questo punto che nasce l'idea geniale: dividiamo i 100g di farina in due parti, e aggiungiamo il grammo di crusca **ad una sola delle due;**

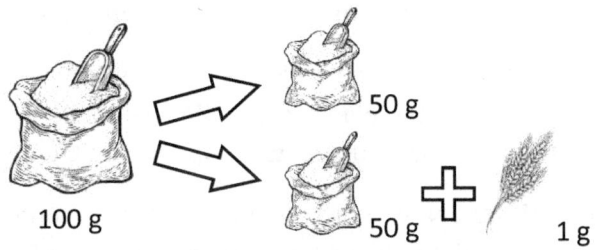

poi estraiamo un campione per ciascuna parte e li inviamo ad analizzare entrambi. A differenza della volta precedente avremo inviato un campione di "00" purissima, ed uno che ha il contenuto di crusca pari al 2%! Perché 1g crusca sparso in 100g è ben diverso dal solito grammo di crusca mescolato in soli 50g... infatti equivale esattamente ad introdurre 2g di crusca in 100g di farina!

A questo punto dal laboratorio riceviamo prontamente due referti:

campione n.1 = farina di frumento tipo "00"
campione n.2 = farina integrale

con questi due documenti in mano siamo autorizzati a **citare la farina integrale** per attirare clienti, a patto di inserire **entrambe** le farine come voci **distinte** nella lista degli ingredienti...

anche in questo caso i commenti risultano superflui... e sentirsi presi in giro è perfettamente normale. ATTENZIONE: questo trucchetto è DIFFUSISSIMO...

LA CIOCCOLATA

Parliamo adesso di cioccolata, e più precisamente di cioccolata fondente: questo prelibato e gustoso alimento è tra i primi prodotti ad essere oggetto di inganni per noi consumatori che magari la consumiamo con l'intento di beneficiare delle sue proprietà salutari.

Per prima cosa è bene sapere che la cioccolata è considerata "al latte" quando il contenuto di cacao è inferiore al 45% del totale. Al di sopra di questo valore la cioccolata può vantare l'appellativo "fondente".

Alcuni produttori sono ben felici di mostrare sulla confezione la percentuale di cacao del proprio prodotto, per esempio "cioccolata fondente 70%", oppure "finissimo cioccolato 88%" ecc. mentre altri citano l'appellativo più accattivante "extrafondente".

A senso, ovviamente, siamo tutti portati a ritenere che un termine che contiene il suffisso "extra" sia maggiore del termine che non lo prevede... e a rigor di logica dovrebbe essere così. Peccato che qualsiasi cioccolato fondente da noi finora controllato che non dichiarasse il contenuto di cacao, seppur vantandosi dell'appellativo "extrafondente", abbia mostrato un contenuto di cacao oscillante tra il 48 e il 50%. Senza mai andare oltre...

Anche in questo caso viene da domandarsi: il cioccolato extrafondente non dovrebbe essere "più fondente" del fondente? E invece la risposta è NO! Perché non è prevista in normativa una regolamentazione sul termine "extrafondente". In pratica qualunque cioccolato con più del 45% di cacao risulta legalmente "extrafondente"...

Per fortuna la legge sull'etichettatura obbliga il produttore ad indicare la percentuale di cacao sulla lista ingredienti, e questo ci mette "al sicuro"... a patto di controllare!

Ma che cavolo stiamo mangiando?

Vediamo un esempio a caso dallo scaffale del supermercato:

> **CIOCCOLATO EXTRAFONDENTE (cacao 49% minimo).**
> INGREDIENTI: zucchero, pasta di cacao, burro di cacao, emulsionante: lecitina di **soia**; aroma naturale di vaniglia.
> **Può contenere tracce di frutta a guscio, di glutine e di proteine del latte.** Conservare in luogo fresco ed asciutto.

(cacao 49% minimo) è l'indicazione che andremo a cercare per ottenere questo tipo di informazione.

Anche col cioccolato è possibile usare la tabella nutrizionale per avere conferma di ciò che ipotizziamo: vediamo che ci sono 49,7g di zuccheri che sono apportati esclusivamente dallo zucchero (che infatti è il primo ingrediente). Il restante 50,3% è composto da pasta di cacao, burro di cacao e lecitina di soia. Però sappiamo che il cacao è il 49% (come somma di burro di cacao e pasta di cacao) quindi per sottrazione la lecitina di soia e gli aromi occupano il rimanente 1,3%

DICHIARAZIONE NUTRIZIONALE

VALORI MEDI PER 100g DI PRODOTTO	
Energia	2165 kJ/519 kcal
Grassi totali	29,3 g
di cui acidi grassi saturi	18,3 g
Carboidrati	54,1 g
di cui zuccheri	49,7 g
Proteine	6,0 g
Sale	0,01 g

Un cioccolato davvero fondente, diciamo intorno al 88% presenta invece caratteristiche completamente diverse:

CIOCCOLATO FONDENTE AMARO EXTRA Ingredienti - Pasta di cacao, zucchero, burro di cacao, estratto naturale di vaniglia. Cacao: 88% minimo. PUÒ CONTENERE TRACCE DI LATTE, NOCCIOLE, MANDORLE E SOIA. SENZA GLUTINE

Valori nutrizionali medi / Average nutritional values / Valeurs nutritionnelles moyennes / Valores nutritivos medios / durchschnittlicher Nährstoffgehalt	per 100g
Energia / Energy / Énergie / Valor Energético / Energie	2604 kJ / 630 kcal
Grassi / Fat / Graisses / Grasas / Fett	53,7 g
di cui / of which / dont / de las cuales / davon: acidi grassi saturi / saturates / acides gras saturés / ácidos grasos saturados / gesättigte Fettsäuren	32,2 g
Carboidrati / Carbohydrates / Glucides / Hidratos de Carbono / Kohlenhydrate	21,2 g
di cui / of which / dont / de los cuales / davon:	
Zuccheri / Sugars / Sucres / Azúcares / Zucker	8,8 g
Proteine / Protein / Protéines / Proteínas / Eiweiß	9,0 g
Sale / Salt / Sel / Sal / Salz	0,09 g

Avendo l'88% già occupato dal cacao, lo zucchero si riduce notevolmente, infatti è appena l'8,8%. In questo caso purtroppo non è possibile affermare nient'altro con certezza, sebbene si possa supporre che il rapporto tra pasta di cacao e burro di cacao (la cui somma è 88%) sia qualcosa di molto prossimo a:

80% pasta di cacao	8% burro di cacao

Valore dedotto col seguente ragionamento: il burro nella lista degli ingredienti è successivo allo zucchero (la cui quantità è stata ricavata essere attorno all'8,8%). Il burro di cacao sarà presente quindi in quantità minore sebbene non tanto inferiore poiché è l'ingrediente più economico dopo lo zucchero. Ricordiamo che le sostanze nutritive rare ed efficaci del cacao sono contenute nella pasta e non nel burro. Come conclusione ricordiamoci che la percentuale di cacao è sempre la somma delle due componenti pertanto risulta interessante riuscire a scoprire se un cioccolato fondente al 90% è composto principalmente da cacao in purezza, o se è mescolato con abbondante burro di cacao...

Ormai per noi è un gioco da ragazzi!

LE CREME SPALMABILI ALLA NOCCIOLA

Eh sì, questo paragrafo è interamente dedicato a LEI, esattamente QUELLA crema spalmabile, il cui nome fa tremare le pareti di qualsiasi nutrizionista: la Nutella!

Ci permettiamo di citarla col suo nome poiché è ormai sinonimo di "crema spalmabile alla nocciola", un po' come lo Scottex lo è per i rotoli di carta per asciugare o lo Scotch per il nastro adesivo trasparente... ormai la Nutella fa parte del vocabolario!

Ma perché dedicare tutto questo spazio alla Nutella? Potrebbe sembrarci eccessivo ma alla luce di quanto appreso finora, possiamo approcciarci a questo alimento con occhi più "tecnici" e decidere in totale autonomia se la Nutella è un qualcosa che vogliamo tenere in casa oppure no.

Cominciamo dando uno sguardo alla lista ingredienti comparata per esempio con la corrispondente proposta della Novi, a cui aggiungiamo i seguenti commenti:

Ma che cavolo stiamo mangiando?

INGREDIENTI	
zucchero	nocciole (45%)
oli vegetali	zucchero
nocciole (13%)	cacao magro (9%)
cacao magro	latte scremato in polvere (5%)
latte scremato in polvere (6,6%)	burro di cacao
siero del latte in polvere	emulsionante: lecitina di soia
emulsionanti: lecitina di soia.	
VALORI NUTRIZIONALI	
Energia 544 kCal	Energia 538 kCal
Carboidrati 57,3 g	Carboidrati 42,7 g
Proteine 6 g	Proteine 11,7 g
Grassi 31,6 g	Grassi 35,6 g

Figura 31 - tabella comparativa creme spalmabili

Questo è chiaramente solo un esempio di confronto e potrebbe essere fatto tra tante altre creme spalmabili; a scopo formativo, ciò che si può dedurre è quanto segue:

- la differenza in termini di quantità di nocciole è enorme;
- in molti affermano con fierezza "buona come la nutella non c'è niente..." per forza, è essenzialmente composta da zucchero; in virtù di ciò che abbiamo appreso sugli zuccheri e gli effetti sul cervello, verrebbe da domandarsi se tali

affermazioni siano espresse in pieno controllo di sé, o se siano "guidate" da dipendenze latenti radicate inconsciamente nella materia celebrale;

- la nutella sembrerebbe avere meno grassi, è vero, ma derivano tutti da olii vegetali saturi, mentre quelli delle nocciole contengono ottimi grassi insaturi tipici della frutta a guscio (rivedere se necessario il capitolo sui grassi);

- la nutella ha meno calorie, e anche questo è vero, nonostante la differenza non sia così netta (6 kCal per 100g), però si rende necessario indagare da cosa sono composte queste calorie: nel caso della nutella sono quasi tutte da zuccheri e grassi, mentre nel caso della Novi abbiamo una parte maggiore di proteine e da grassi insaturi.

Pertanto quando ci approcciamo a scegliere una crema spalmabile proviamo a girare il barattolo e dare uno sguardo all'etichetta: noteremo subito (ormai siamo esperti) tutte le sue caratteristiche messe a nudo, e potremo scegliere con più serenità.

LA CARNE RICOMPOSTA

Con questo paragrafo non intendiamo minimamente entrare nel dettaglio della salubrità o meno dei prodotti ricomposti, delle materie prime con cui vengono realizzati e neppure dei processi di lavorazione. Quel che ci preme affrontare nelle prossime righe è il modo con cui i produttori camuffano alcuni prodotti "Frankenstein" da prodotti naturali di prima qualità... perché è irritante non tanto il fatto che producano certi prodotti, quanto che li facciano apparire come cibo sano... colpendo il consumatore che "tenta" di orientarsi sui cibi meno dannosi per la sua salute.

Ma che cavolo stiamo mangiando?

Prendiamo ad esempio questa "cotoletta di pollo" :

Osserviamo come viene messo in evidenza il fatto che siamo di fronte a cibo BIOLOGICO. E notiamo la raffinatezza della descrizione della modalità di allevamento che avviene tramite l'uso di immagini evocative di un mondo naturale e genuino. La vaschetta di plastica è stata scelta di un bel colore verde pastello per non lasciare niente al caso. Tutto richiama alla natura: tranne il prodotto.

Ma che cavolo stiamo mangiando?

COTOLETTE DI POLLO BIOLOGICHE

PRODOTTO BIOLOGICO CONTROLLATO E CERTIFICATO DA CCPB
ORGANISMO DI CONTROLLO AUTORIZZATO DAL MIPAAF IT BIO 009
OPERATORE CONTROLLATO N°5196

ITBIO009
AGRICOLTURA
UE/NON UE

PREPARAZIONE GASTRONOMICA PRECOTTA A BASE DI CARNE DI POLLO
BIOLOGICO E FORMAGGIO PANATA. CON ACQUA. CARNE RICOMPOSTA.
INGREDIENTI: CARNE DI POLLO 39%*, FARINA DI **GRANO TENERO** TIPO "O"*. ACQUA.
FARINA DI MAIS*, OLIO DI SEMI DI **ARACHIDE, FORMAGGIO**, SALE IODATO (SALE,
IODATO DI POTASSIO 0,007%), PROTEINE DEL **LATTE*, BURRO**, SALE, LIEVITO DI
BIRRA, ROSMARINO*, CORRETTORE DI ACIDITA: ACIDO LATTICO-SODIO CITRATO. PUO
CONTENERE TRACCE DI **UOVA**.* PRODOTTO DA AGRICOLTURA BIOLOGICA.

CONFEZ. DATA/LOTTO: **19.01.16**
CONSERVARE TRA 0 E +4° C.

PESO NETTO
0,200kg e
PREZZO/KG
€

DA CONSUMARE ENTRO:
02.02.16
PREZZO

8016026 022911

CONFEZIONATO IN ATMOSFERA PROTETTIVA. FILENI SIMAR S.R.L. VIA MARTIRI DELLA
NON FORARE. CONSUMARE PREVIA COTTURA. LIBERTA' 27, JESI (AN)

Soltanto leggendo l'etichetta scopriamo che siamo di fronte ad una
*"preparazione gastronomica precotta a base di carne di pollo biologico
e formaggio panata. Con acqua. Carne ricomposta"*

Ora seriamente: proviamo ad immaginare questa indicazione (che poi
è quella che realmente descrive il prodotto) scritta bella grande sul
fronte della confezione... sono certo che non la comprerebbe nessuno!
Poco importa che il pollo sia biologico. L'indicazione "carne
ricomposta" è già di per sé sufficiente a farcela lasciare sullo scaffale.

Perché quando leggiamo "carne ricomposta" significa che siamo di
fronte ad un vero e proprio "wurstel" gigante, un impasto di carne
cotta e stracotta e ridotta ad una pasta avente la consistenza della
plastilina per bambini, che poi viene fatta passare attraverso un
estrusore o uno stampo per conferirgli la forma desiderata...

Già... la forma! A prima vista questo dettaglio non si nota ma... le due
cotolette sono incredibilmente identiche. Certo, sono state disposte
ruotate nella vaschetta così che sia meno evidente ma... sono
sovrapponibili!

Ma che cavolo stiamo mangiando?

Ma che cavolo stiamo mangiando?

Come se non bastasse il fatto che certe "cotolette" siano in realtà stampate a partire dalla pasta di pollo e farina (notare che il pollo è presente solo per il 39%), nasconde un aspetto da non sottovalutare: non troviamo alcuna indicazione circa la parte di animale usata per produrla. A noi potrebbe venire in mente (in buona fede) che venga usato il petto o la coscia... solo perché nella nostra mente abbiamo questo ricordo che viene in qualche modo richiamato dalla confezione e dal packaging dai tratti bucolici ma... di fatto non ne abbiamo idea! Potrebbe anche venir usato un pezzo del pollo che non ci sogneremmo mai di utilizzare... e se ci pensiamo un attimo: che motivo avrebbe un'azienda di lavorare un petto di pollo già pronto tritandolo, impastandolo, precuocendolo ecc... anziché panarlo e servirlo? Nessuno! A meno che non si abbiano a disposizione pezzi di animale assolutamente non adatti a questo scopo...

SUCCHI DI FRUTTA

Chiudiamo questa rassegna di prodotti di uso comune con quello più sottovalutato di tutti: il succo di frutta!

Quanti di noi hanno pensato almeno una volta nella vita di bersi un succo di frutta per le sue caratteristiche salutari e nutrienti nettamente maggiori rispetto alle bibite gassate e zuccherate che troppo spesso ingurgitiamo in bar o fast-food? Per non parlare della scelta (o in alcuni casi delle rinunce) di bandire dalle case le bibite gassate mossi da uno scopo salutistico (o semplicemente per evitare di abusarne), scegliendo al loro posto però il famigerato succo di frutta...

La fregatura sta tutta nel nome: "SUCCO DI FRUTTA"...

Indubbiamente la maggior parte di questi prodotti contiene davvero un'aliquota di succo estratto dalla frutta... ma quel che ci interessa maggiormente è ciò che viene messo assieme al succo. Perché se notiamo la percentuale di frutta oscilla in media dal 30% al 50% (ATTENZIONE: da questa statistica escono alcuni succhi di mela, pompelmo, ananas e arancia che in genere si trovano nella più onesta varietà 100% frutta)

Qualunque sia il nostro succo di frutta preferito, da oggi controlliamo prima la lista ingredienti e poi la tabella nutrizionale. Andiamo a guardare se nella lista compare la voce "zucchero" o qualche altro sinonimo visto nel capitolo dedicato e poi leviamoci lo sfizio di vedere quanto ne assumiamo ogni 100ml... valutiamo se stiamo bevendo un bric da 200ml o un bicchiere (in genere 150ml) e facciamo le dovute proporzioni... perché potrebbe accadere che il risultato ci mostri che per ogni bicchiere stiamo assumendo qualcosa tipo 5 o 6 bustine di zucchero! (ricordiamo che una bustina di zucchero è pari a 5g)

Beh... in tal caso poniamoci qualche domanda... specie se quel succo lo diamo a bere ai nostri bambini.

Prendiamo ad esempio un succo di frutta tra i più apparentemente salutari (succo all'albicocca Viviverde Coop):

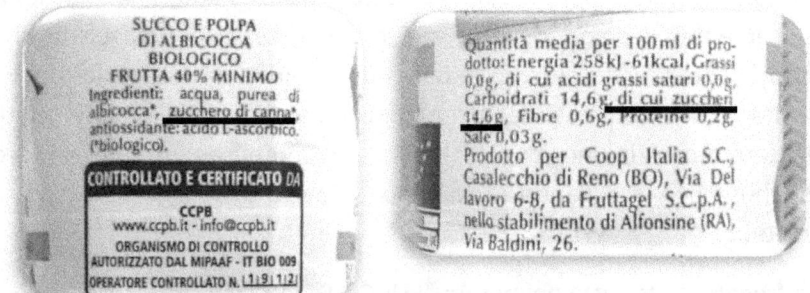

Notiamo subito tre cose: che la frutta è al 40%, che il primo ingrediente è l'acqua, e il terzo lo zucchero (che specificano essere di canna e biologico, ma abbiamo già capito che non significa nulla nel capitolo sugli zuccheri)

Se poi andiamo a leggere nella dichiarazione nutrizionale (in questo caso non è in forma di tabella) notiamo che per ogni 100ml abbiamo 14,6g di zuccheri... e visto che un bric è pari a 200ml significa che per ogni succo bevuto assumiamo 29,2g di zucchero, ovvero poco meno dell'equivalente di 6 bustine! Ora sinceramente riflettiamo: a nessuno sano di mente verrebbe davvero la voglia di rovesciare 6 bustine di zucchero in un bicchiere d'acqua e berlo (o peggio darlo da bere ai propri figli)... eppure nella forma del "succo di frutta" lo facciamo!

Devo spezzare però una lancia a favore di questo particolare prodotto della Coop perché su ogni confezione, sul lato frontale, viene mostrato un bollino rosso e giallo che recita "CONSUMO MODERATO PER I BAMBINI"

Almeno loro provano ad avvisarci...

CONCLUSIONI

Potremmo andare avanti per ore citando i moltissimi casi di "danni nascosti" dei cibi o delle truffe "legalmente autorizzate" che sfiorano i limiti normativi ma non sarebbe la sede opportuna. Probabilmente verrà preparato un fascicolo apposito come raccolta di tutti i prodotti che abbiamo controllato. Ma per il momento lasciamo volontariamente il compito a ciascuno di noi di utilizzare le informazioni apprese in questo libro per scovare in autonomia tutti i possibili elementi dannosi presenti nel cibo di ordinario consumo.

MA ATTENZIONE A NON ESAGERARE: se ci mettiamo a controllare anche i cibi che assumiamo raramente come "eccezione" si svilupperebbe ben presto un atteggiamento ossessivo (che vogliamo evitare a tutti i costi) e non tanto quello spirito critico che ci porterebbe grandissimi benefici...<

Chiudiamo questo siparietto divertente con una chicca di Marco Montemagno che ci racconta a modo suo come sia stato vittima di questi "trucchetti"...

LINK VIDEO
https://youtu.be/zePErIiV3w
(TIME: tutto il video)

CAPITOLO 16. MANTENIMENTO A LUNGO TERMINE

Viviamo in un'epoca pazza, nella quale chi effettua scelte alimentari sane e giuste è spesso considerato strano, mentre viene reputato normale chi mantiene abitudini alimentari che favoriscono le malattie e causano enormi sofferenze

John Robbins

Il punto è esattamente questo: la salute e il "benessere" sono una questione strettamente socio-culturale e non tanto argomenti di conoscenza e/o sapienza.

Sono stati scritti migliaia di trattati circa le buone abitudini alimentari per cercare di istruire le persone a scegliere una sana alimentazione senza ottenere risultati accettabili poiché, a mio avviso, il focus andrebbe spostato sulla diffusione, ovvero sulla trasformazione di certe abitudini da "rare" a "quotidiane", più che sulla fredda informazione, sulle tecniche e sulla teoria.

Purtroppo però l'inerzia sociale sembra pendere verso uno stile di vita poco conservativo...

vediamo insieme cosa succede facendoci prima questa semplice domanda:

PERCHÉ PREOCCUPARCI DI ALLONTANARE LA MORTE, SE NON CI IMPEGNIAMO AD ALLUNGARE LA VITA?

Già, questione interessante... sembreremmo tutti ossessionati dal non voler morire mai (cosa, rassegniamoci, impossibile) senza badare troppo alla qualità della vita che viviamo nell'attesa del fatidico giorno...

Il portale "global-health" si è fatto carico di studiare le cause non tanto di morte, quanto di perdita di qualità della vita vissuta, offrendoci questo schema riassuntivo in "anni persi di vita sana" ogni 100.000 abitanti italiani.

FATTORI DI RISCHIO PER LA SALUTE IN ITALIA

Figura 32 - fonte: global-health.healthgrove.com/l/161/Italy

Tra questi spiccano come cause principali (oltrepassando i 2500 anni di qualità della vita persi) la pressione alta, la nutrizione scorretta, il sovrappeso (e obesità), ed il vizio del fumo. Tutte le altre cause sono ben staccate al di sotto dei 1500 anni. È molto interessante notare come le cause che normalmente vengono additate come mortali siano anche quelle che rovinano più anni di vita vissuta!

Ma che cavolo stiamo mangiando?

Questo per sfatare il famoso mito de: "la morte deve trovarmi vivo", frase pronunciata da tutti coloro che ritengono di doversela godere al 150% delle possibilità prima di lasciare questo mondo. I dati invece parlano chiaro: il conto da pagare arriva presto, e si fa sentire per molti anni, prima del grande giorno…

Vale davvero la pena quindi andare ad approfondire l'argomento "benessere e vita sana".

Innanzi tutto occorre cambiare radicalmente schema mentale: passare dalla vecchia concezione del:

"sono sano e quando mi ammalerò avrò bisogno di un dottore"

ad una più efficace per i giorni nostri:

"sono sano, e voglio capire come fare a rimanerlo il più a lungo possibile"

Ascoltiamo quindi i preziosi consigli del dott. Filippo Ongaro in questa intervista molto interessante:

LINK VIDEO
https://www.youtube.com/embed/e1KTVpDBWGc?start=5&end=222
(TIME: da INIZIO a 03:42)

Possiamo riassumere i punti chiave della sua esposizione in:

Ma che cavolo stiamo mangiando?

- Fare qualcosa di concreto per noi stessi: è inutile «raccontarcela»
- Prendersi la responsabilità del proprio benessere delegando solo la «cura» di un'eventuale malattia
- Rivolgersi a figure nuove, non al classico medico

Poiché in effetti la gestione del proprio stato di salute avviene:

- quotidianamente nelle case
- la mattina quando ci svegliamo
- nelle relazioni con gli altri
- nelle scelte che facciamo al supermercato
- aumentando la nostra conoscenza
- acquisendo la consapevolezza di poter scegliere

poiché, come abbiamo sentito nel video:

LA SALUTE È UNA QUESTIONE SOCIOCULTURALE

Questa è una delle migliori definizioni di "salute" che siano mai state pensate negli ultimi cento anni...

A conferma di questa tesi portiamo un ulteriore video sempre del dott. Filippo Ongaro in un convegno di Nutrigenomica ed Epigenetica, nel quale dimostra le teorie appena citate con esempi di vita pratica

LINK VIDEO

https://www.youtube.com/embed/bErQ6Mj2JxM?start=86&end=408

(TIME: da 1:26 a 6:48)

Ma che cavolo stiamo mangiando?

Video che possiamo riassumere in questi punti:

- L' invecchiamo è direttamente proporzionale a come trattiamo il nostro corpo
- Non è mai troppo tardi per fare qualcosa
- In teoria, teoria e pratica sono la stessa cosa, ma in pratica non lo sono
- Il 90% di ciò che ci tiene in salute è composto da genetica, ambiente e sane abitudini
- Concentrare, quindi, il 100% delle attenzioni su un misero 10% di ciò che serve (la cura) è decisamente un errore
- Mentre stavamo vincendo la battaglia del 1900, non ci siamo accorti che stava arrivando quella del 1999...

Abbiamo visto quindi che è di vitale importanza il cambio di paradigma nell'affrontare l'argomento "salute", pertanto nel cercare di fissare dentro di noi questa nuova consapevolezza, possiamo farci spiegare, sempre dal dott. Ongaro, quali reali possibilità possiamo avere oggi nella nostra società:

Vediamo adesso un ulteriore stralcio del convegno precedente che introduce il concetto di "compressione della malattia" e i grafici ad esso associati

LINK VIDEO
https://www.youtube.com/embed/bErQ6Mj2JxM?start=1874&end=1931
(TIME: da 31:14 a 32:11)

Lo schema rappresentato nel video descrive molto fedelmente una situazione comune ma spesso ignorata:

esistono gli stadi di salute "sub ottimale" e di "condizioni non diagnosticate" che normalmente scambiamo per "salute ottimale" stupendoci se da un giorno all'altro ci ritroviamo ad essere etichettati come "affetti da qualche patologia".

Analizzando il grafico e notando come è possibile spostare la curva verso destra e massimizzare la permanenza in salute "vera" per molti anni, verrebbe da pensare come potrebbe essere la curva in caso ci impegnassimo (inconsapevolmente, ovvio) a spingerla nell'altro verso, ovvero a sinistra. Otterremmo in questo modo un risultato di questo tipo (vedi figura successiva), che purtroppo riscontriamo in molte delle nostre conoscenze al giorno d'oggi (è sufficiente farci caso, siamo pieni di esempi). Certo non si tratta di uno studio epidemiologico su larga scala, ma certamente non è una teoria priva di fondamento...

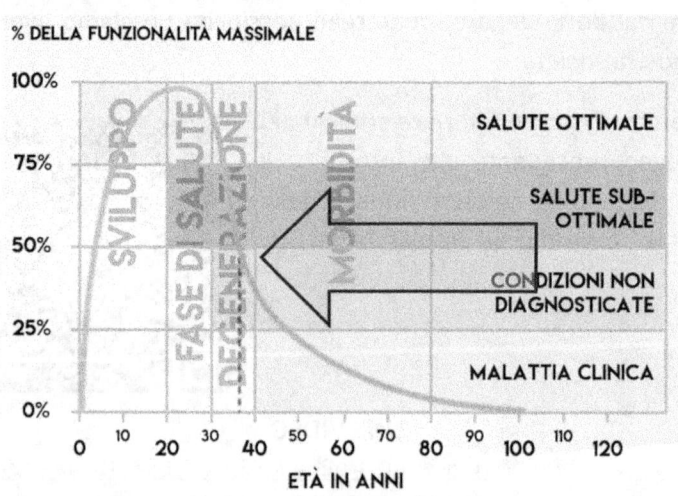

Figura 33 – età, funzionalità e stato di salute a confronto

L'età del salto al di sotto del 50% di funzionalità sta lentamente abbassandosi fino a raggiungere quasi i 35 anni... a dispetto magari di un allungamento della vita totale passando gli ultimi 20 anni della nostra esistenza con percentuali di funzionalità bassissime, ovvero in condizioni di non autosufficienza (basti pensare a quanti sussidi di invalidità parziale o totale vengono elargiti non solo agli anziani ma anche ai più giovani, oppure alla sempre crescente richiesta di qualcuno che si occupi di familiari non più autosufficienti tenuti in casa o in cliniche dedicate, in cui si cerca solo di allungare la permanenza in vita senza migliorarne la qualità... insomma, come dicevamo prima: è sufficiente farci caso...).

Terminiamo però qui il trattato "horror" poiché non è certo lo scopo di questo libro, tornando piuttosto ad occuparci di cosa possiamo fare per noi, già da oggi.

Ancora il dott. Filippo Ongaro, ospite in una nota trasmissione TV, suggerisce una semplice filosofia di vita:
la regola dello 0-5-10-30

LINK AL VIDEO
https://www.youtube.com/embed/mnnvxKqoRGI?start=33&end=156
(TIME: da 00:33 a 2:36)

Ma che cavolo stiamo mangiando?

Che riassumiamo e commentiamo così:

1. **ZERO** comportamenti a rischio (ad esempio fumare, guidare senza cinture, distrarsi alla guida di un veicolo a due ruote ecc.)
2. **CINQUE** porzioni di verdura (ovvero cercare di colmare le carenze di micronutrienti che sembrano arrecare molti più danni di quanti non ne facciano gli eccessi di pesticidi e sostanze nocive in genere)
3. **DIECI** pensieri positivi al giorno (ovvero allineare una mente sana ad un corpo sano)
4. **TRENTA** minuti di attività fisica (comparata al proprio fisico, stile di vita ecc)

Particolare attenzione la merita il punto 2: è ormai ampiamente documentata la diffusa carenza di sostanze nutritive nella popolazione attuale, soprattutto se accettiamo il fatto che i livelli di micronutrienti ritenuti idonei sono in realtà i "minimi sufficienti" decisamente distanti dai valori "ottimali". Su questo argomento si è pronunciato ampiamente il ricercatore australiano Michael Fenech, tra i primi ad aver dato risonanza mondiale a questo problema.

Come dicevamo, quindi, il punto 2 (che raccomanda cinque porzioni di verdura al giorno) ci ricorda di introdurre i tanto trascurati micronutrienti, e non solo "cibo", introducendo un nuovo concetto: l'approccio al cibo sano inteso su due fronti contemporanei: ridurre gli eccessi (di ciò che ci danneggia) da una parte, e colmare le carenze (nutrizionali) dall'altra. Questi due aspetti, se lasciati lavorare in sinergia, possono darci risultati sorprendenti in ogni aspetto del nostro benessere!

Ma che cavolo stiamo mangiando?

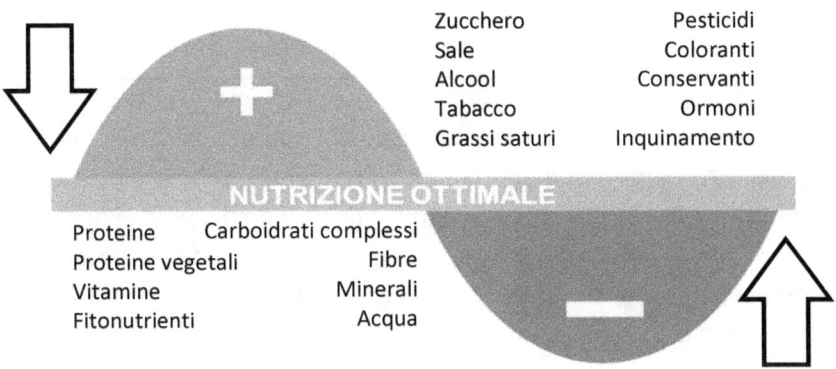

Figura 34 - visione sinergica dell'approccio alla nutrizione

Quante volte al contrario abbiamo identificato il cibo "sano" come quello privo di sale, zucchero e grasso (e quindi normalmente con poco sapore) oppure con quello coltivato in assenza di ormoni, pesticidi, senza conservanti o coloranti ecc...? certamente sono tutti fattori dannosi per la nostra salute e che meritano di essere evitati o quantomeno ridotti, ma a patto che dall'altro lato si aumenti l'introduzione di tutto ciò che serve davvero all'organismo, per una miriade di funzioni, comprese quelle di isolamento ed espulsione delle sostanze nocive precedentemente citate (ce lo ricordiamo il video sul funzionamento delle cellule del primo capitolo di questo libro?...). Ecco che improvvisamente le proteine vegetali, le fibre, i minerali, l'acqua e le vitamine assumono un ruolo chiave nella selezione del cibo "sano" mirato alla gestione della nostra salute, poiché senza di essi non riusciremmo a far funzionare il 100% dei nostri sistemi metabolici, inclusi quelli che normalmente ipotizziamo funzionare o che diamo per scontato (ma che in realtà non funzionano o funzionano in parte)

I CONSIGLI PER L'ALIMENTAZIONE QUOTIDIANA

Ma quindi, esattamente, ora che conosciamo la teoria e il funzionamento dei principali aspetti metabolici del nostro organismo... come possiamo comportarci nel quotidiano? Purtroppo non è intenzione di questo libro dettare le linee guida, poiché finirebbe per diventare una lunga serie di indicazioni destinata immancabilmente a fallire sul lungo periodo come tutti i suoi predecessori.

L'idea invece è che ciascuno crei le proprie personalissime (e variabili nell'arco dell'anno) SANE ABITUDINI basate proprio sul livello più alto di conoscenza che questo libro ci ha fornito.

A tal proposito ascoltiamo preziosi consigli dettati dal dott. Ongaro in questo video, di cui come sempre indichiamo la parte più pertinente

LINK VIDEO

https://www.youtube.com/embed/_jRQBeGeXOM?start=10&end=340

(TIME: da inizio a 5:40)

I tre punti interessanti sono senza dubbio questi:

1. Tradurre la teoria in una pratica che sia PIACEVOLE. Se il cambio di stile prevede della sofferenza non potrà essere perpetuato a lungo...

2. Eccezioni sì, ma limitate. Evitare per esempio di avere in casa cibi ad alta capacità di tentazione.
3. Imparare a distinguere quelli che sono gli alimenti utili al nostro organismo (da ricercare costantemente) e quelli che ci affaticano (quindi da utilizzare con estrema cautela)

Di fatto si torna allo schema precedente, quello degli eccessi e delle carenze, ed il cerchio si chiude.

IL PIATTO UNICO

Una delle soluzioni più semplici in assoluto per la quotidianità è sicuramente l'uso del piatto unico: eviteremo così di dover pesare, studiare, e ricercare soluzioni creative ogni volta che ci approcciamo alla preparazione del pranzo o della cena. Proprio perché è un metodo semplice, si presta in ogni occasione, e si adatta a qualsiasi esigenza personale:

il tutto si riassume dividendo il piatto idealmente in tre parti, secondo questo schema:

PIATTO UNICO DEL PRANZO

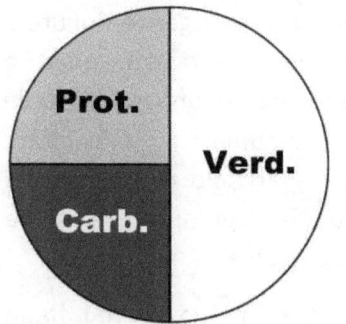

- La metà più grande la occuperemo con la verdura, meglio se una parte cotta e una cruda.
- Uno dei quarti sarà occupato dalle proteine.
- L'altro quarto è dedicato ai carboidrati.

Ovviamente applicheremo TUTTE le nozioni apprese in questo libro (es: se usiamo proteine vegetali tipo i legumi staremo attenti a completarle con cereali tra i carboidrati; nella scelta dei carboidrati avremo cura di sceglierli integrali; utilizzeremo verdure di colori sempre diversi, di stagione, e non confezionate dal produttore, ecc...)

Ottime linee guida per il piatto unico possono essere reperite sul sito dell'AIRC (Associazione Italiana per la Ricerca sul Cancro) al seguente link:

LINK PAGINA WEB
https://www.airc.it/cancro/prevenzione-tumore/alimentazione/un-piatto-di-cibo-sano

PIATTO UNICO DELLA CENA

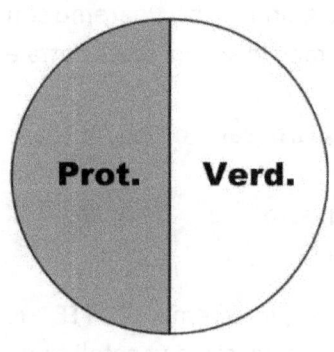

A meno di non avere esigenze dovute a sport o allenamenti particolari, giunti a cena potrebbe essere una scelta utile evitare di assumere carboidrati, orientandosi magari solo quelli presenti naturalmente nei legumi presenti già quali fonte di proteine.

Ricordiamoci che le attività del dopo cena sono normalmente a basso dispendio energetico, e assumere carboidrati veri e propri potrebbe costringere il corpo ad immagazzinarne sotto forma di grasso, anche nel caso dei carboidrati complessi... quindi attenzione alla cena!

LE GUIDE AIRC

Questo libro rappresenta una raccolta delle linee guida e dei funzionamenti a comune di tutte le fasce di età, per entrambi i sessi, e non pretende di scendere nel dettaglio.

A questo proposito invece proponiamo di sfogliare delle ottime guide messe a disposizione da AIRC e consultabili sul sito ufficiale:

LINK PAGINA WEB

https://www.airc.it/cancro/prevenzione-tumore/alimentazione/guida-menu

oppure visionando i file pdf archiviati qui, qualora non fossero più raggiungibili sul loro portale:

LINK FILE PDF

http://www.mediafire.com/folder/gaxrkcybwf7bi/Guide_AIRC

CAPITOLO 17. CONCLUSIONI

Siamo giunti alla fine del nostro viaggio attraverso la consapevolezza e attraverso la conoscenza di quel tipo di carburante che noi chiamiamo "cibo" avente la funzione di nutrire, rigenerare e alimentare la nostra "macchina-corpo".

Siamo ormai tutti d'accordo sul fatto che abbiamo trascurato (e forse continuiamo a trascurare) sempre di più questo aspetto basilare, fino alla comparsa di sintomi evidenti che ci obbligano a risvegliare l'attenzione, ma che, purtroppo, non sempre emergono in tempo per essere curati del tutto senza lasciare traccia...

Decidere di iniziare a prenderci cura del nostro corpo per ottenerne il massimo non è mai una decisione semplice, specie nella nostra società che fa di tutto per riempire le dispense di cibo dannoso e depotenziante.

Per fortuna che, nonostante il bombardamento mediatico e collettivo, resta sempre a noi l'ultima parola, e già da adesso, avendo letto questo libro, sarà possibile usare occhi diversi per guardare il cibo e probabilmente vederlo per quel che è davvero: nutrimento!

A tal proposito osserviamo questo quadro riassuntivo dei vari nutrienti affiancati da una o due "pillole informative chiave" che vale la pena tenere a mente come un piccolo "bignami":

Ma che cavolo stiamo mangiando?

Nutriente	Pillole informative
Carboidrati	Quelli semplici sono chiamati ZUCCHERI I complessi si assumono con cereali integrali Attenzione all'indice glicemico, parametro che va ricercato quanto più basso possibile
Acqua	Bere almeno 2 litri al giorno Bere il più possibile fuori dai pasti
Fibre	Esistono solubili e insolubili. Assumerne almeno 24g al giorno nel rapporto 2/3 solubili – 1/3 insolubili
Proteine	Se da fonte animale: scegliere allevamenti in cui gli animali possono crescere in modo naturale Se da fonte vegetale: ricordarsi di completare almeno gli aminoacidi essenziali (legumi+cereali)
Grassi	Esistono saturi e insaturi Eccedere coi grassi saturi può essere potenzialmente dannoso. I saturi sono in forma solida o semisolida. Gli insaturi hanno grandi capacità protettive e sono molto utili. Si trovano negli olii e nei semi oleosi

PROMEMORIA PER ETICHETTE
La lista ingredienti è SEMPRE in ordine decrescente di quantità. La tabella nutrizionale è capace di svelare alcune truffe. Attenzione ai termini fuorvianti: tipo "extrafondente" e al claim "CON qualcosa" che potrebbe contenere solo tracce di quel "qualcosa".

Adesso abbiamo tutte le istruzioni e le informazioni necessarie ad affrontare qualsiasi sfida sull'argomento "nutrizione".

Da ora in avanti scatta le foto ai tuoi piatti equilibrati ed inviacele via email con una breve descrizione del tuo capolavoro.

LE PUBBLICHEREMO SULLE NOSTRE PAGINE SOCIAL!

machecavolostiamomangiando@gmail.com

CAPITOLO 18.   VIDEOGRAFIA

Esploriamo le cellule - Gregorio Production
https://youtu.be/gFuEo2ccTPA

Obesità: il Marketing Spietato delle Multinazionali del cibo - Marco Montemagno
https://youtu.be/j2hasrT7Adk

Lo Zucchero è il nuovo Fumo - Marco Montemagno
https://youtu.be/w4zKjR9V-Og

Dott. Berrino - Riso: perché è meglio mangiare quello integrale? - Associazione di Laboratorio di Cucina Naturale
https://youtu.be/nnxcYSh1XRU

Nuggets - Filmbilder
https://youtu.be/HUngLgGRJpo

Il Prof. Franco Berrino parla di aspartame, saccarosio, stevia e fruttosio... - Essere In Salute
https://www.youtube.com/embed/Rq_vCqt2idA?start=11&end=138

L'esperto risponde - Prof. Alessandro Sartorio - sanpellegrinocorp
https://www.youtube.com/watch?v=56_9YJK8Gec

L'importanza dell'acqua - National Geographic - Adriana Pietraru
https://youtu.be/IKVvBc_H5q0

pane normale e pane con grani antichi - Marco Paciscopi
https://www.youtube.com/watch?v=eLwg4IQtI_E

L'importanza delle proteine: come scegliere le proteine "di qualità" - Dr. Filippo Ongaro

Ma che cavolo stiamo mangiando?

https://www.youtube.com/watch?v=2pBK1ms9DA8

Food Quiz | Il cortisolo - La risposta del Dr. Ongaro - Casa Di Vita
https://www.youtube.com/watch?v=bGivnVpssFg

Dove si trovano naturalmente gli acidi grassi omega-3? - Dr. Filippo Ongaro
https://www.youtube.com/watch?v=E8P8UsT0B2I

Apparato digerente - www.ovovideo.com
http://www.ovovideo.com/apparato-digerente

Riattivare il metabolismo - cielotvitalia
https://www.youtube.com/embed/IT9-WcjF9E8?start=15&end=80

Come proteggersi dai danni del sale? - Dr. Filippo Ongaro
https://youtu.be/Vva5kKTuwCM

Sale Iodato: sicuro che sia una buona scelta? - #ProiettiliInformativi #14 - Miglioriamoci.net - Salute, Alimentazione, Consapevolezza
https://www.youtube.com/watch?v=NsMFpOSt0l8

Balasso e il cibo - Agel Udine
https://www.youtube.com/watch?v=rq_dz8rpobg

Mulino Bianco? Farina bianca! - #ProiettiliInformativi #1 - Miglioriamoci.net - Salute, Alimentazione, Consapevolezza
https://youtu.be/RbMdqSUP0Do

I pomodori di San Marzano che però arrivano dalla Spagna - Marco Montemagno
https://youtu.be/zePErIiiV3w

Ma che cavolo stiamo mangiando?

Artefici del nostro destino - Filippo Ongaro - Mary Barbiani
https://www.youtube.com/embed/e1KTVpDBWGc?start=5&end=222

Presentazione Dott. FIlippo Ongaro "Medicina Funzionale e nuovi paradigmi di salute" - METAGENICS ITALIA srl
https://www.youtube.com/watch?v=bErQ6Mj2JxM

I consigli di Cielo: anti-aging e benessere in cucina - cielotvitalia
https://www.youtube.com/embed/mnnvxKqoRGI?start=33&end=156

Alimentazione Sana: cosa ti manca per raggiungerla? - Dr. Filippo Ongaro
https://www.youtube.com/embed/_jRQBeGeXOM?start=10&end=340